Tierhaltung

Göschl • Wittmann • Kitzler

Haftungsausschluss

Die Autoren und Verlag haben den Inhalt dieses Buches mit großer Sorgfalt und nach besten Wissen und Gewissen zusammengestellt. Für eventuelle Schäden, die als Folge von Handlungen und/oder gefassten Beschlüssen aufgrund der gegebenen Informationen entstehen, kann dennoch keine Haftung übernommen werden.

Impressum

avBUCH im CADMOS Verlag

2. Auflage 2018, unveränderter Nachdruck 2022

Satz: Hantsch PrePress Services OG, Wien

Lektorat: Ing. Barbara P. Meister MA, FachLektor.at

Coverfotos: Kühe: On SET/Shutterstock.com,
Ferkel: Aumsama/Shutterstock.com, Küken: iava777/Shutterstock.com

Druck: www.graspo.com

Deutsche Nationalbibliothek – CIP-Einheitsaufnahme

Die Deutsche Nationalbibliothek verzeichnet diese Publikation in der Deutschen Nationalbibliografie; detaillierte bibliografische Daten sind im Internet über http://dnb.ddb.de abrufbar.

Printed in EU

SCHULBUCH
SB Nr. 3.810
ISBN: 978-3-8404-8309-7 (print)

digi4school-Ausgabe
SB Nr. 186.041
ISBN: 978-3-8404-8319-6 (digi4school)

Tierhaltung

Lehr- und Arbeitsbuch für die landwirtschaftliche Berufsausbildung

Ing. Josef Göschl
Ing. Karl Wittmann
Ing. Johann Kitzler

11., aktualisierte Auflage

avBUCH

Die in diesem Lehrbuch verwendeten Abbildungen wurden unter anderem folgenden Büchern entnommen:

Altrichter/Braunsberger: Bäuerliche Geflügelhaltung

Bayerisches Staatsministerium für Ernährung, Landwirtschaft und Forsten:

Tierbewertung beim Rind, 1980

Franz Beer/Gerhard Raganitsch:

Tierzucht und Tierhaltung, Band 1, Stocker Verlag 1975

Johann Dörfler/Heinrich Hüffmeier:

Tierische Erzeugung – Die Landwirtschaft

Band 2, Teil B, 8. Auflage, BLV 1982

Josef Göschl/Johann Resch: Landwirtschaftskunde für den polytechnischen Lehrgang, 2. Auflage, Bohmann-Verlag 1986

Ernst Granz: Tierproduktion, 10. Auflage, Parey-Verlag 1985

Karlheinz Lotthammer: Die fruchtbare Kuh; Auswertungs- und Informationsdienst für Ernährung, Landwirtschaft und Forsten Nr. 73, Bonn 1984

Hans Hinrich Sambraus:

Atlas der Nutztierrassen, 3. Auflage, Verlag Eugen Ulmer, Stuttgart 1989

Müller/Zipperlen: Tierheilkunde für den Landwirt, 4. Auflage, VUA 1968

Müller/Zipperlen: Handbuch der praktischen Tierheilkunde, 6. Auflage, VUA 1982

Programmierte Ferkelproduktion, top agrar extra, 3. Auflage, Landwirtschaftsverlag Münster-Hiltrup 1987

Fruchtbarkeit im Kuhstall, top agrar extra, 1. Auflage, Landwirtschaftsverlag Münster-Hiltrup 1987

Qualitätsmilchgewinnung, Beratungsschrift 44, 2. Auflage, herausgegeben vom BM für Land- und Forstwirtschaft 1983

Fachzeitschrift „Der fortschrittliche Landwirt", Stocker Verlag, Graz

Ökologische Schweinehaltung, Beratung Artgerechte Tierhaltung, Witzenhausen

Fotomaterial des Tiroler Grauviehzuchtverbandes, des Verbandes der Schwarzbuntzüchter im österr. Alpenland, des Braunviehzuchtverbandes, des Pinzgauer Zuchverbandes (M. Schitzhofer) sowie des Verbandes niederösterreichischer Rinderzüchter

Inhaltsverzeichnis

1 Bedeutung der Tierhaltung 9

2 Der Tierkörper 11
2.1 Die Zellen ... 11
2.2 Die Gewebe ... 12
2.3 Die Organe - für Atmung, Blutkreislauf und Lymphsystem ... 13
2.4 Verdauungsorgane und Verdauung ... 16
2.5 Harnorgane ... 20
2.6 Geschlechtsorgane und Fortpflanzung ... 21
2.7 Tierbeurteilung ... 24

3 Grundlagen der Fütterung 28
3.1 Aufgaben der Fütterung ... 28
3.2 Zusammensetzung des Futters ... 28
3.3 Grundbegriffe des Futterwertes ... 36
3.4 Erhaltungs- und Leistungsfutter ... 37
3.5 Verdaulichkeit ... 37
3.6 Sättigung ... 38
3.7 Berechnung von Futterrationen ... 38

4 Futtermittel 39
4.1 Grundfutter ... 39
4.2 Kraftfutter ... 42
4.3 Mineralfutter ... 44
4.4 Mischfutter ... 44
4.5 Preiswürdigkeit von Futtermitteln ... 45
4.6 Futtermittelgesetz und Futtermittelverordnung ... 45

5 Grundlagen der Züchtung 47
5.1 Die Gene – Der Sitz der Erbanlagen ... 47
5.2 Zuchtziel und Zuchtwahl ... 48
5.3 Zuchtmethoden ... 49

6 Rinderhaltung 50
6.1 Formen der Rinderhaltung ... 50
6.2 Rinderzucht ... 50
6.3 Kälberaufzucht ... 61
6.4 Aufzucht des weiblichen Jungviehs ... 63
6.5 Milchviehfütterung ... 64
6.6 Die Rindermast ... 75
6.7 Wichtige Pflegemaßnahmen ... 77
6.8 Wichtige Aufzeichnungen im Stall ... 79
6.9 Der Rinderstall ... 80

7 Milchwirtschaft 83
7.1 Euterbau und Milchbildung ... 83
7.2 Zusammensetzung der Milch ... 84
7.3 Melkarbeit und Melkhygiene ... 84
7.4 Die Erzeugung von Qualitätsmilch ... 88

8 Schweinehaltung 91
8.1 Formen der Schweinehaltung 91
8.2 Schweinezucht 92
8.3 Fütterung der Schweine 98
8.4 Pflege- und Hygienemaßnahmen 108
8.5 Wichtige Aufzeichnungen 108
8.6 Der Schweinestall 109

9 Geflügelhaltung 111
9.1 Formen der Geflügelhaltung 111
9.2 Geflügelzucht 111
9.3 Geflügelfütterung 112
9.4 Der Hühnerstall 114

10 Alternativen in der Tierhaltung 116
10.1 Schafhaltung 116
10.2 Pferdehaltung 118
10.3 Enten 119
10.4 Gänse 120
10.5 Perlhuhn 121
10.6 Kaninchen 122

11 Tiergesundheit 123
11.1 Krankheitsursachen und Krankheitsvorbeugung 123
11.2 Die wichtigsten Erkrankungen der Tiere 124
11.3 Vorschriften für den Viehverkehr 128

12 Fleischkunde 130
12.1 Allgemeines 130
12.2 Die Fleischteile des Kalbes 130
12.3 Die Fleischteile des Rindes 130
12.4 Die Fleischteile des Schweines 133
12.5 Schlachtkörper- und Fleischqualität 133
12.6 Hygienevorschriften 138

13 Vermarktung tierischer Produkte 139
13.1 Vermarktung der Milch 139
13.2 Vermarktung von Rindern 139
13.3 Vermarktung von Schweinen 140

14 Tierhaltung und Umwelt 141
14.1 Auswirkung auf die Umwelt 141
14.2 Begrenzungen in der Tierhaltung 141

15 Tierschutz 142

Tabellenanhang 143

VORWORT

Das vorliegende Lehr- und Arbeitsbuch wurde für den Unterricht im Gegenstand „Nutztierhaltung“ an Landwirtschaftlichen Berufsschulen und Fachschulen mit der Fachrichtung „Ländliche Hauswirtschaft“ verfasst.

Fragen und Aufgaben sowie die Möglichkeit für zusätzliche Aufzeichnungen sollen das Erlernen und Beherrschen des Stoffes erleichtern. Ebenso ist eine Stoffauswahl entsprechend der Bedeutung der einzelnen Produktionszweige im jeweiligen Produktionsgebiet möglich. Aus diesem Grund sind manche Bereiche etwas ausführlicher behandelt.

Das Buch ist auch als Begleitbuch für die landwirtschaftliche Berufsausbildung gedacht und soll als Nachschlagewerk bei Ihrer zukünftigen Tätigkeit in der Landwirtschaft dienen.

Fotos © Budimir Jevtic/Shutterstock.com

1 Bedeutung der Tierhaltung

Lernziele
Über die Bedeutung der Tierhaltung im elterlichen Betrieb berichten
Die volkswirtschaftlichen Aufgaben der Tierhaltung nennen
Die betriebswirtschaftlichen Aufgaben der Tierhaltung nennen

Die Tierhaltung ist der größte und in vielen Betrieben auch der wichtigste Produktionszweig. Im Durchschnitt stammen nahezu zwei Drittel der Gesamteinnahmen eines landwirtschaftlichen Betriebes in Österreich aus der Tierproduktion.

Je größer der natürliche Grünlandanteil (Wiesen, Weiden) eines Betriebes ist, desto größer ist der Anteil der tierischen Produktion an den Gesamteinnahmen des Betriebes. Viele Betriebe sind nur existenzfähig, wenn sie über die Veredelungswirtschaft einen höheren Ertrag erzielen können. Durch eine sinnvolle Spezialisierung ist eine marktgerechte und kostengünstige Produktion möglich.

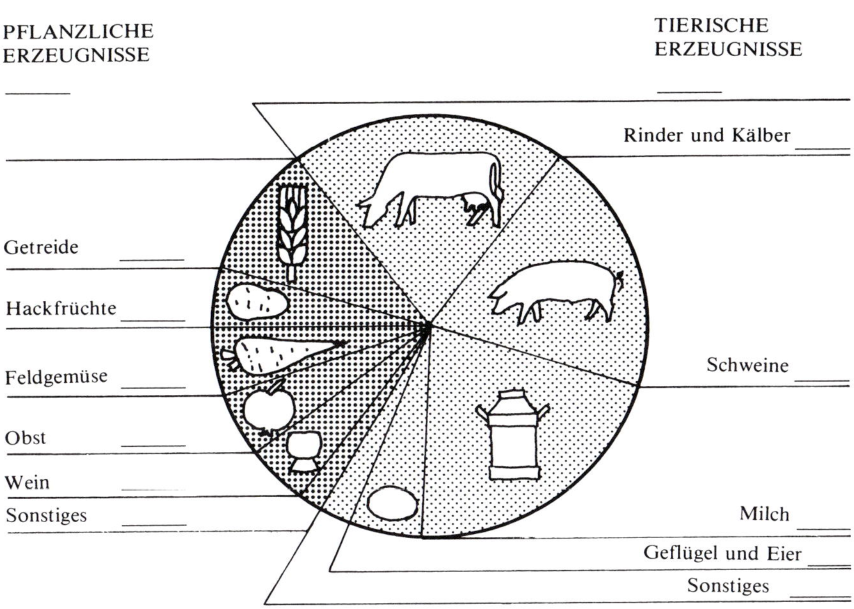

Anteile der landwirtschaftlichen Produktionszweige

Die Tierproduktion hat volkswirtschaftliche und betriebswirtschaftliche Aufgaben:

1.1 Volkswirtschaftliche Aufgaben

- Lieferung von Nahrungsmitteln:

  ....

- Veredelung von Futtermitteln:

  ....

- Nutzung des Grünlandes:

  ....

- Lieferung von Rohstoffen für die Industrie:

  ....

- Befriedigung von Luxusbedürfnissen:

  ....

- Schonung der Umwelt (Boden, Luft, Wasser):

  ....

- Dienstleistungen:

  ....

1.2 Betriebswirtschaftliche Aufgaben

- Erhöhung des Betriebseinkommens:

  ....

- Düngerproduktion:

  ....

2 Der Tierkörper

Lernziele
Den Aufbau einer Zelle nennen
Verschiedene Gewebe und ihre Aufgaben nennen
Die Teile des Skeletts benennen

2.1 Die Zellen

Der Körper der Haustiere besteht aus Zellen. Diese sind meist mikroskopisch klein und sie vermehren sich durch Teilung.

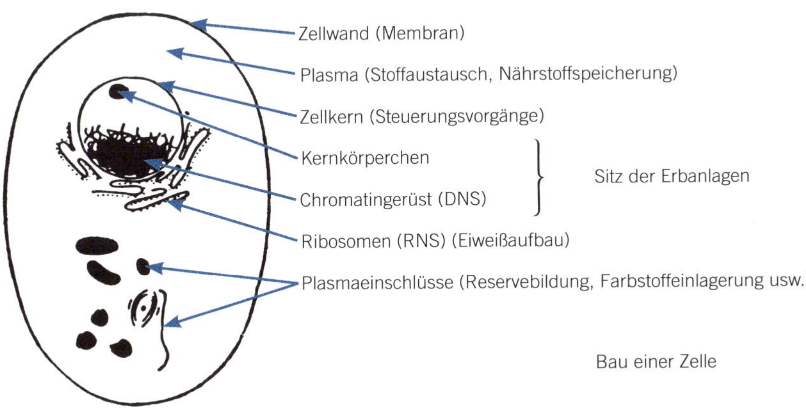

Bau einer Zelle

Viele Zellen im Tierkörper haben sich auf bestimmte Aufgaben spezialisiert. Die Zellformen sind mannigfaltig.

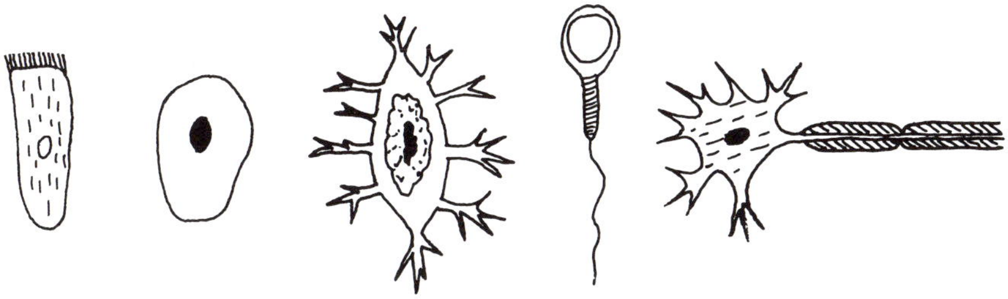

Epithelzelle Knorpelzelle Knochenzelle Samenzelle Nervenzelle

2.2 Die Gewebe

Viele gleichartige Zellen bilden ein Gewebe. Man unterscheidet: Hautgewebe, Stützgewebe, Muskelgewebe, Drüsengewebe, Nervengewebe, Blutgewebe usw.

2.2.1 Das Hautgewebe

Es umschließt den Körper.

Aufgaben:

- Schutz des Körpers gegen äußere Einflüsse
- Ausscheidung von Abbauprodukten
- Wärmeregulierung

Alle inneren Körperhöhlen sind mit Schleimhäuten ausgekleidet.

2.2.2 Das Stützgewebe

Es bildet hauptsächlich Knorpeln und Knochen. Aus diesen baut sich das Knochengerüst (Skelett) auf. Die Knochen bestehen aus einer elastischen Knorpelmasse und aus mineralischen Bestandteilen (Kalk, Phosphor), die den Knochen Härte und Festigkeit geben. Mineralstoffmangel verursacht Knochenweiche (Rachitis).

Aufgaben des Stützgewebes:

- Stützt und formt den Körper
- Ansatz für Sehnen, Bänder und Muskeln
- Schutz der inneren Organe
- Mineralstofflager

Knochenverbindungen:

- Nähte (Schädelknochen)
- Fugen (Becken-Kreuzbein)
- Gelenke

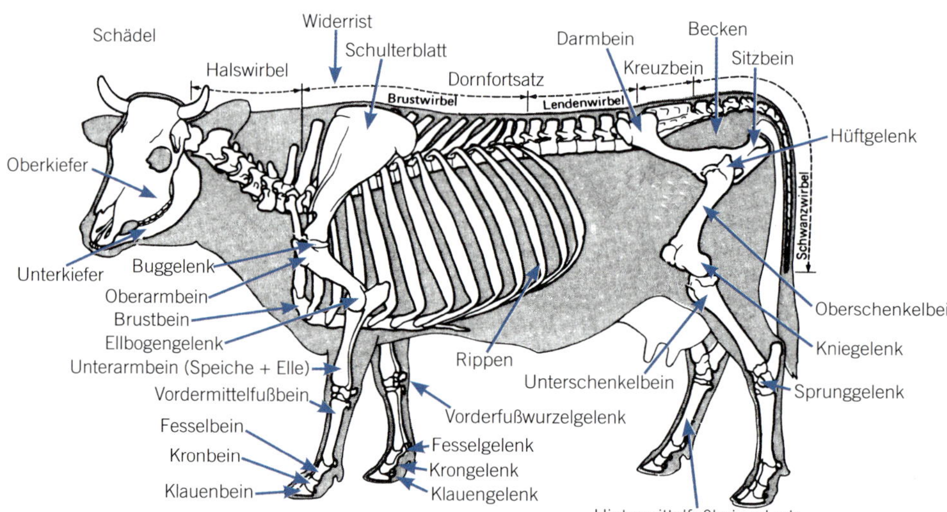

Skelett des Rindes

2.2.3 Das Muskelgewebe

Das Muskelgewebe besteht aus lang gestreckten Fasern (Muskelzellen) und wird in seiner Gesamtheit als Fleisch bezeichnet. Man unterscheidet:

- Willkürliche Muskeln (z. B. Muskeln der Gliedmaßen) vom Willen beeinflussbar.
- Unwillkürliche Muskeln (z. B. Herz, Verdauungsorgane) vom Willen nicht beeinflussbar.

Einen Fleischzuwachs gibt es nur bei wachsenden Tieren (Mast von Jungtieren). Die Zunahme ausgewachsener Tiere beruht größtenteils auf Fetteinlagerungen.

Die Marmorierung des Fleisches wird durch eine erwünschte Fetteinlagerung zwischen den Muskelfasern hervorgerufen.

2.2.4 Das Drüsengewebe

Alle Lebensvorgänge im Tierkörper, wie Wachstum, Stoffwechsel und Fortpflanzung, werden durch Wirkstoffe (Enzyme, Hormone) gesteuert. Diese Wirkstoffe werden in Verdauungs- und Hormondrüsen erzeugt und an die Organe abgegeben. Andere wichtige Drüsen: Schweißdrüsen, Talgdrüsen, Milchdrüsen.

2.2.5 Das Nervengewebe

Die Zentralorgane des Nervensystems liegen im Gehirn und Rückenmark. Von dort führen Nerven in alle Bereiche des Körpers.

Man unterscheidet:

- Bewegungsnerven: leiten Reize vom Gehirn zu den Organen
- Empfindungsnerven: leiten Reize zum Gehirn
- Vegetative Nerven: steuern die Tätigkeit der nicht dem Willen unterworfenen Organe (Herz, Verdauung usw.)

Das Nervengewebe verliert seine Teilungsfähigkeit schon während der frühesten Jugendentwicklung. Zerstörtes Nervengewebe kann nicht mehr erneuert werden.

2.3 Die Organe für Atmung, Blutkreislauf und Lymphsystem

Verschiedene Gewebe bilden Organe (z. B. Herz, Blutgefäße).

Diese wieder bilden Organsysteme (z. B. Kreislaufsystem, Verdauungssystem usw.).

Alle Organsysteme ergeben den Organismus, der die Lebensvorgänge des Körpers ermöglicht.

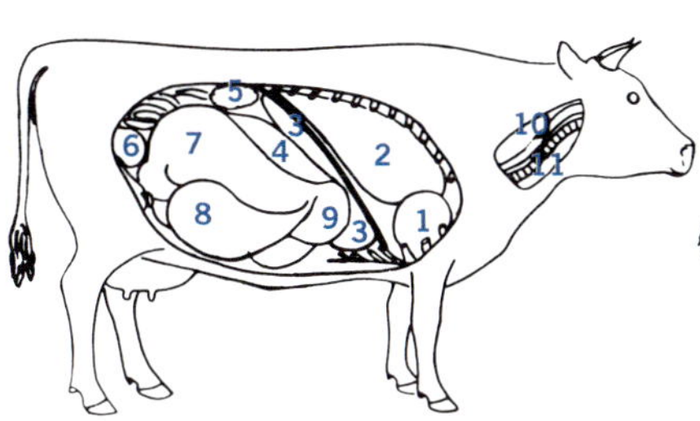

Lage der inneren Organe des Rindes:
1 Herz, **2** Lunge, **3** Leber, **4** Milz, **5** Niere, **6** Harnblase, **7** Pansen, **8** Labmagen, **9** Netzmagen, **10** Schlundrohr, **11** Luftröhre

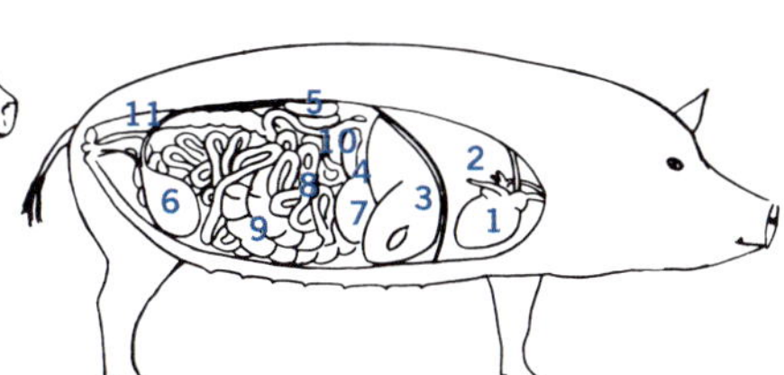

Lage der inneren Organe des Schweines:
1 Herz, **2** Lunge, **3** Leber, **4** Milz, **5** Nieren, **6** Harnblase, **7** Magen, **8** Dünndarm, **9** Dickdarm, **10** Bauchspeicheldrüse, **11** Mastdarm

Lernziele
Den Atmungsvorgang erklären
Die Zusammensetzung des Blutes nennen
Die Funktion des Blutkreislaufes erklären

2.3.1 Die Atmungsorgane

Aufbau

- Nasenhöhle
- Rachenhöhle
- Kehlkopf
- Luftröhre
- Lunge

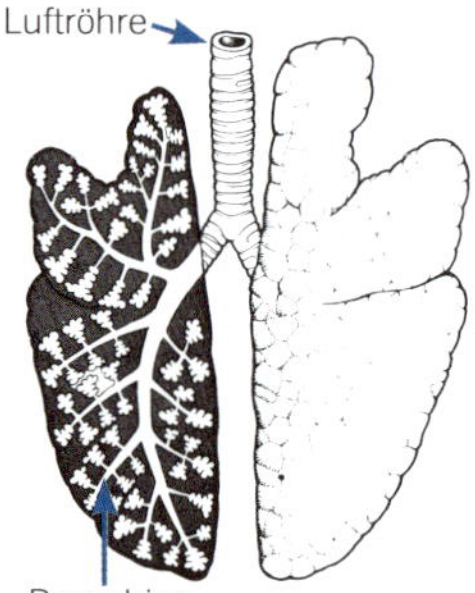

Lunge des Schweines
(links Schema des Inneren)

Der Atmungsvorgang

Die Atmung dient der Versorgung des Körpers mit Sauerstoff und der Ausscheidung von Kohlendioxyd. Beim Einatmen heben die Zwischenrippenmuskeln die Rippen und das Zwerchfell zieht sich zusammen. Dadurch vergrößert sich der Brustraum und die Luft strömt ein. Beim Ausatmen gehen Rippen und Zwerchfell wieder zurück und die verbrauchte Luft wird ausgepresst.

Ein Rind mit 500 kg Lebendgewicht (= 1 GVE) atmet täglich zirka 4.000 Liter CO_2 aus. Ebenso werden mit dem Atem große Mengen an Wasserdampf abgegeben. Eine ausreichende Stalllüftung ist daher besonders wichtig.

2.3.2 Blut und Blutkreislauf

Die Blutgefäße

Arterien (Schlagadern)

Die Arterien, die das Blut vom Herzen wegführen, transportieren – mit Ausnahme der Lungenarterie – sauerstoffreiches (hellrotes) Blut. Ihre Wände sind stark und muskulös. Aus verletzten Arterien strömt das Blut stoßweise aus (Pulsschlag). Arterien verlaufen meist tief im Inneren des Körpers.

Venen

Sie führen das Blut zum Herz zurück. Das Blut ist sauerstoffarm (dunkelrot). Venen sind dünnwandig und sie verlaufen meist an der Oberfläche des Körpers (z. B. Eutervene).

Kapillaren (Haargefäße)

Sie sind zwischen Arterien und Venen eingeschaltet und durchziehen das Gewebe mit einem äußerst feinen Gefäßnetz. Sie besorgen den Austausch des Sauerstoffes und aller anderen wichtigen Stoffe für die Aufrechterhaltung des Lebensvorganges (Stoffwechsel).

Das Herz

Das Herz ist ein Hohlmuskel. Es liegt zwischen den Schultern im vorderen Teil des Brustraumes. Eine Zwischenwand teilt es in eine rechte und eine linke Hälfte. Jede Hälfte ist wieder durch Herzklappen in eine Vorkammer und eine Hauptkammer unterteilt.

Schematische Darstellung des Blutkreislaufes bei Säugetieren

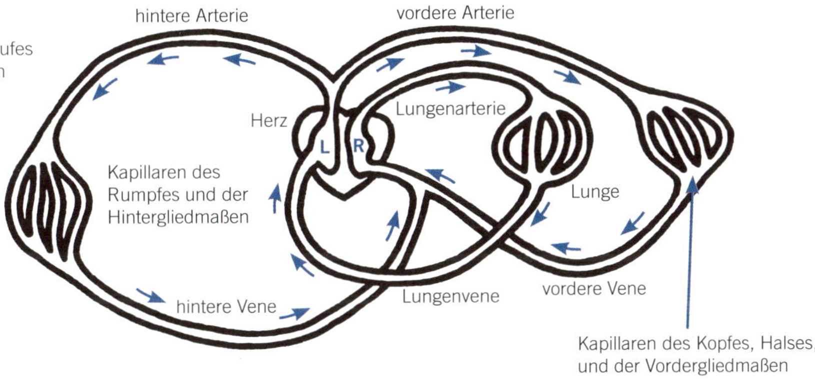

Die Zahl der Herzschläge wird durch das Nervensystem und durch Hormone gesteuert und ist abhängig von Körpergröße, Tätigkeit und Anstrengung. Puls und Körpertemperatur sind wichtige Gesundheitsmerkmale.

Das Blut

Das Blut besteht aus festen Blutbestandteilen (Blutzellen) und aus Flüssigkeit (Blutplasma).

- Blut
  - Blutzellen (fest)
    - Rote Blutkörperchen – enthalten den roten Blutfarbstoff (Hämoglobin) und transportiren den Sauerstoff
    - Weiße Blutkörperchen – Körperpolizei – vernichten Krankheitskeime und bilden Eiter
    - Blutplättchen – bedeutsam für die Blutgerinnung
  - Blutplasma (flüssig)
    - Fibrin
    - Blutserum – enthält Eiweiß, Salze sowie Antikörper gegen Krankheiten „Impfstoff"

1 cm^3 Blut enthält zirka 6 Millionen rote Blutkörperchen und 8.000 bis 15.000 weiße Blutkörperchen.

Aufgaben des Blutes

- Gastransport (Sauerstoff und Kohlendioxyd)
- Wärmeausgleich im Körper
- Nährstofftransport
- Krankheitsabwehr
- Hormontransport
- Wundverschluss

Die Blutmenge

Die Blutmenge beträgt zirka 1/12 des Körpergewichtes. Es befindet sich nicht das gesamte Blut im Umlauf. Ein Teil davon ist in Leber, Milz und Haut gespeichert.

Großer Blutkreislauf (Körperkreislauf)

Linke Herzkammer – Aorta – Schlagadern (Arterien) – Kapillaren (Blut gibt O_2 ab und nimmt CO_2 auf) – Venen – rechte Vorkammer.

Kleiner Blutkreislauf (Lungenkreislauf)

Rechte Herzkammer – Lungenarterie (venöses Blut) – Lungenbläschen (Blut nimmt O_2 auf und gibt CO_2 ab) – Lungenvene (arterielles Blut) – linke Vorkammer.

Pfortaderkreislauf

Das Blut wird aus dem Verdauungstrakt mit den gelösten Nährstoffen der Leber zugeführt. Die Leber sorgt für die Reinigung des Blutes und für stets gleichbleibenden Nährstoffgehalt. Fütterungsfehler können Leberschäden verursachen.

2.3.3 Das Lymphsystem

Die Lymphe ist eine dem Blut ähnliche Flüssigkeit, die teilweise den Nährstofftransport (vorwiegend Fette) von den Blutkapillaren zu den einzelnen Zellen besorgt und den Abtransport von Abbauprodukten und Fremdstoffen aus den Zellen durchführt. Feine Lymphgefäße vereinigen sich zum Milchbrustgang. Dieser leitet die Lymphe wieder in die Vene. An bestimmten Stellen sind Lymphknoten eingeschaltet, die als Filterstationen wirken. Sie machen Giftstoffe und eingedrungene Fremdkörper unschädlich (Schwellung = Krankheitsanzeichen).

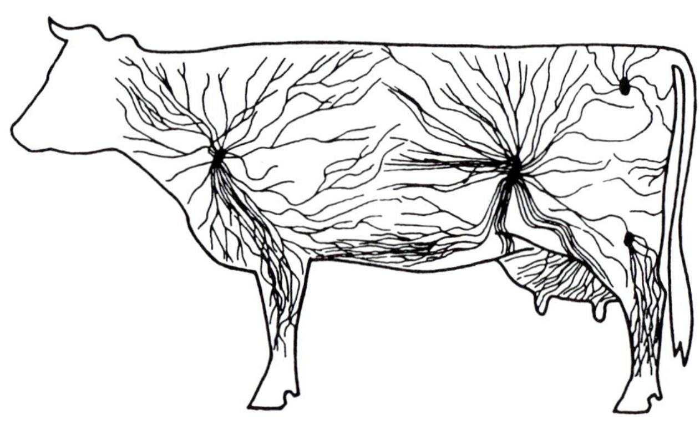

Die oberflächlichen Lymphstraßen des Rindes. Die Lymphknoten sind schwarz eingezeichnet.

2.4 Verdauungsorgane und Verdauung

Lernziele

Die Aufgaben der Verdauung nennen
Den Aufbau des Verdauungstraktes beim Wiederkäuer erklären
Den Aufbau des Verdauungstraktes beim Schwein erklären
Den Aufbau des Verdauungstraktes beim Geflügel erklären
Die Verdauungsvorgänge bei Rind, Schwein und Geflügel erklären

Aufgaben der Verdauung

- Zerkleinerung des Futters
- Lösung der Nährstoffe aus dem Futter
- Zerlegung der Nährstoffe in aufnehmbare Form
- Aufnahme der gelösten Nährstoffe in Blut bzw. Lymphe
- Ausscheidung der unverdauten Futterbestandteile

Verdauungsvorgänge

Durch die Verdauungsvorgänge wird die Nahrung in verwertbare Nährstoffe und in unverdauliche Reste (Ballaststoffe) zerlegt.

- Mechanische Verdauung: durch Kauen, Zerreiben
- Chemische Verdauung: durch Verdauungssäfte (Enzyme)
- Biologische Verdauung: durch Kleinlebewesen im Pansen und im Dickdarm

2.4.1 Verdauungsorgane und Verdauungsvorgänge beim Rind (Wiederkäuer)

Verdauung in der Maulhöhle

Nach der Futteraufnahme kauen die Wiederkäuer das Futter nur flüchtig. Erst beim Wiederkauen erfolgt eine gründliche Zerkleinerung. Dabei wird das Futter sehr intensiv eingespeichelt.

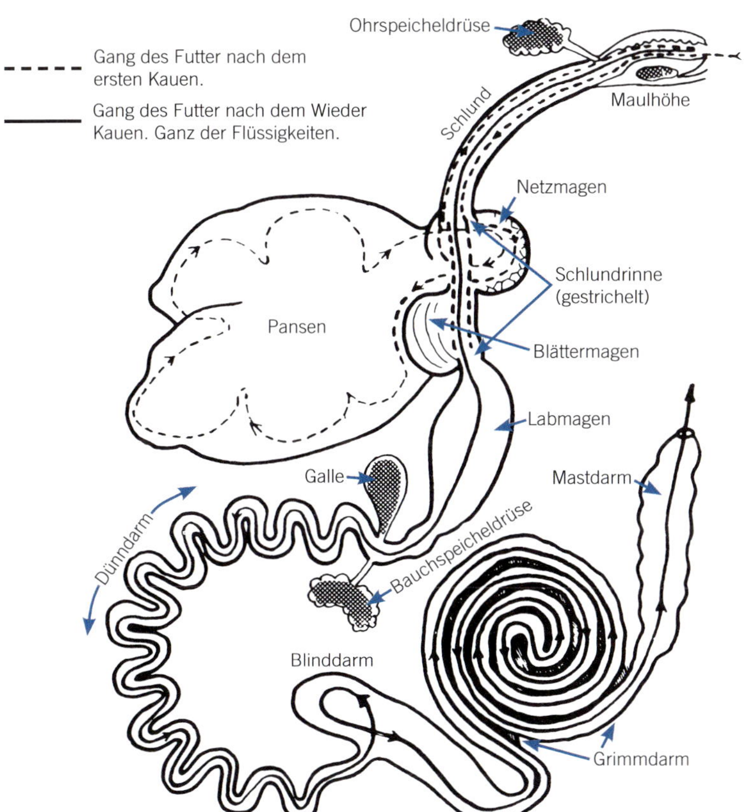

Die Verdauungsorgane der Wiederkäuer

Verdauung im Magen

Der Wiederkäuermagen besteht aus den drei Vormägen (Pansen, Netzmagen und Blättermagen) und dem eigentlichen Magen, dem Labmagen, der mit Verdauungsdrüsen ausgestattet ist.

Der Pansen füllt fast die ganze linke Bauchhöhlenhälfte des erwachsenen Rindes. Er dient als „Gär- und Mischtrog". Zahlreiche Kleinlebewesen verdauen die schwer verdauliche Rohfaser, bilden Eiweiß, Vitamine und Bestandteile des Milchfettes. Die Pansenbewegung (zehn bis 14 Bewegungen in fünf Minuten) ist als Pansengeräusch hörbar.

Der Speichel der Wiederkäuer reguliert den pH-Wert des Pansensaftes. Für die Verdauung wirkt ein schwach saurer pH-Wert (pH 6,3 bis 6,8) günstig. Wasserreiche Silagen und Kraftfutter senken den pH-Wert, Raufutter und gute Anwelksilagen heben ihn an (viel Speichelfluss beim Wiederkauen). Es ist daher günstig, zuerst Raufutter zu füttern und das Kraftfutter auf mehrere Gaben zu verteilen.

Der Netzmagen liegt hinter dem Zwerchfell und ist innen netzartig gefeldert. Durch rhythmisches Zusammenziehen unterstützt er den Pansen bei der Zerkleinerung des Futters und formt Bissen für das Wiederkauen. Im Netzmagen können sich Fremdkörper ansammeln, die die Magenwand durchstechen und Herz, Lunge und Leber verletzen.

Der Blättermagen besitzt Hautfalten (Blätter), zwischen denen der Nahrungsbrei weiter zerrieben und durch Wasserentzug eingedickt wird.

Der Labmagen ist der eigentliche Magen mit Verdauungsdrüsen. Hier werden die Nährstoffe durch den Magensaft gelöst. Beim Kalb ist er der größte Magen. In ihm wird auch das Labferment für die Milchverdauung gebildet.

Die Vormägen entwickeln sich erst durch die Aufnahme fester Futterstoffe. Deshalb sollten Aufzuchtkälber möglichst früh Kraftfutter und Heu erhalten.

Verdauung im Darm

Vom Magen gelangt der Futterbrei in den Dünndarm. Er ist der längste Abschnitt des Verdauungstraktes. In den ersten Abschnitt, den Zwölffingerdarm, münden die Galle (wichtig für die Fettverdauung) und die Bauchspeicheldrüse (enthält Enzyme für die Verdauung aller Nährstoffe). Von der Dünndarmwand wird der Darmsaft abgesondert, der ebenfalls Verdauungsenzyme enthält. Die verdauten Nährstoffe werden durch die Darmzotten in das Blut aufgenommen.

Im Dickdarm erfolgt noch eine Restverdauung durch Kleinlebewesen. Der Futterbrei wird eingedickt und der unverdauliche Teil durch den After als Kot ausgeschieden.

2.4.2 Verdauungsorgane und Verdauungsvorgänge beim Schwein

Verdauung im Maul

Schweine kauen das Futter gründlich und speicheln es ein. Der Speichel enthält bereits Verdauungsfermente (Stärkeverdauung). Schweine haben einen ausgeprägten Geschmacksinn.

Verdauung im Magen

Schweine haben einen einhöhligen Magen. Der Magen enthält Drüsen, die den Magensaft absondern. Dadurch wird besonders das Eiweiß verdaut. Über den Pförtner gelangt der Futterbrei in den Darm.

Verdauung im Darm

Die Verdauung im Darm ist bei allen Tierarten ähnlich. Schweine können Rohfaser allerdings nur in geringen Mengen im Dickdarm verdauen.

Der Verdauungstrakt der Schweine hat nur ein geringes Fassungsvermögen. Deshalb verlangen Schweine ein nährstoffreiches Futter mit einem geringen Rohfasergehalt

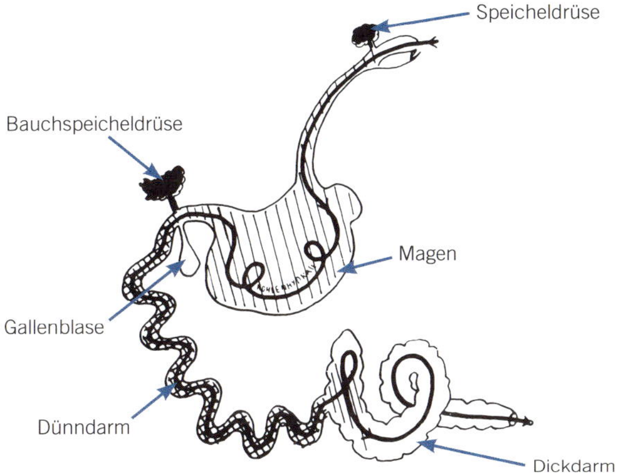

Verdauungsorgane beim Schwein

2.4.3 Verdauungsorgane und Verdauung beim Geflügel

Die Nahrung wird durch den Schnabel aufgenommen und völlig unzerkleinert in den Kropf abgeschluckt. Von dort kommt das angeweichte Futter in den Drüsenmagen und weiter in den Muskelmagen. Dort wird die mit Magensaft versetzte Nahrung mit Hilfe von Magensteinchen zerkleinert. Damit ist eine Aufschließung durch Verdauungssäfte möglich. Anschließend gelangt die Nahrung in den Darm. In den beiden Blinddärmen erfolgt in geringem Maße eine bakterielle Verdauung.

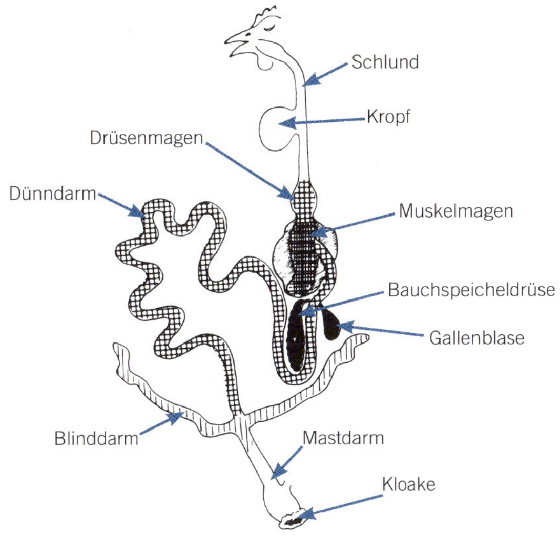

Verdauungsorgane beim Geflügel

2.5 Harnorgane

Lernziele
Die Harnorgane aufzählen können
Die Aufgaben der Harnorgane nennen

2.5.1 Nieren

Aufgaben

- Stoffwechselschlacken (Harnstoff) absondern
- Gift und alle im Blut störenden Stoffe absondern
- Den Salzgehalt des Körpers regulieren
- Den Wassergehalt des Körpers regulieren

2.5.2 Harnleiter

Sie leiten den Harn aus den Nierenbecken in die Harnblase.

2.5.3 Harnblase

Die Harnblase ist ein Hohlorgan, das aus der Schichte unwillkürlicher Muskeln und einer inneren Auskleidung mit einer Schleimhaut besteht. Ein ringförmiger Schließmuskel bildet den Abschluss und verhindert das ständige Abfließen des Inhaltes.

2.5.4 Harnröhre

Sie leitet den Harn aus dem Körper.

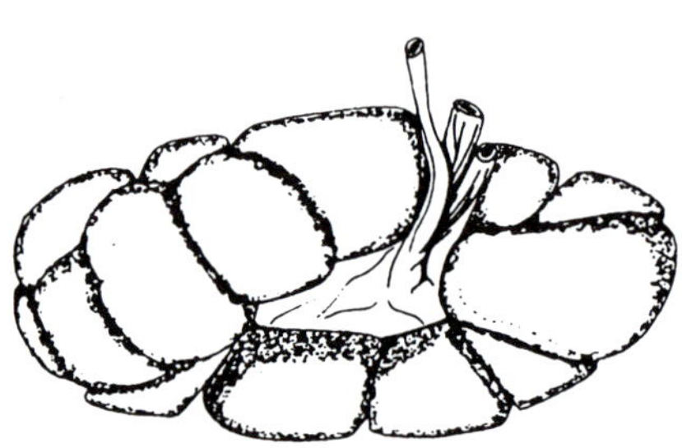

Niere des Rindes (gelappte Oberfläche)

Niere des Schweines (glatte Oberfläche)

Täglich produzierte Harnmengen:

Rind	5–25 l
Pferd	3–10 l
Schwein	2–6 l
Schaf	1–2 l

2.6 Geschlechtsorgane und Fortpflanzung

Lernziele
Aufbau und Funktion der Geschlechtsorgane erklären
Die Entwicklung des Fötus im Mutterleib erklären

Die Geschlechtsorgane dienen der Fortpflanzung. Mängel in der Ausbildung oder der Funktion der Geschlechtsorgane sind in der Zucht sehr streng zu beurteilen, da die Fortpflanzungsfähigkeit die wichtigste Grundlage für das Erbringen von tierischen Leistungen ist.

2.6.1 Die männlichen Geschlechtsorgane

Sie bestehen aus:

- Hoden: hier werden die Samenzellen (Spermien) gebildet
- Nebenhoden: dienen der Speicherung der Samenzellen
- Anhangdrüsen: sondern Flüssigkeiten ab, die den Samen befruchtungsfähig machen
- Samenleiter und Harnröhre: dienen der Leitung des Samens
- Glied oder Rute: Begattungsorgan

Funktion der männlichen Geschlechtsorgane

Beim Begattungsakt dringt das männliche Tier mit dem Begattungsorgan in die Scheide des weiblichen Tieres ein. Durch den Wärme- und Muskelreiz ausgelöst, erfolgt die Absamung (Ejakulation). Der Stier samt in die Scheide ab. Er gibt je Sprung 3 bis 8 cm^3 Samenflüssigkeit mit bis zu 6 Milliarden Spermien ab. Der Eber samt in die Gebärmutter ab, die Samenmenge beträgt 200 bis 300 cm^3 mit über 20 Milliarden Spermien.

Die Lebens- und Befruchtungsfähigkeit der Spermien beträgt zirka 24 Stunden.

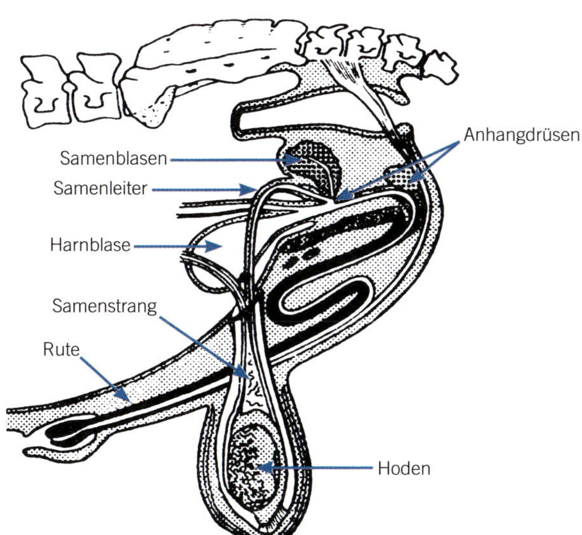

Schematische Darstellung der männlichen Geschlechtsorgane des Rindes

2.6.2 Die weiblichen Geschlechtsorgane

Sie bestehen aus:

- Eierstöcken: in diesen werden die Eizellen gebildet
- Eileiter: fangen das reife Ei auf und leiten es zur Gebärmutter
- Gebärmutter oder Tragsack: hier wächst das befruchtete Ei zum Fötus
- Scheide: dient zur Begattung und als Geburtsweg
- Scham

Funktion der weiblichen Geschlechtsorgane

Beim geschlechtsreifen weiblichen Tier bilden sich, durch Hormone gesteuert, in regelmäßigem Abstand (Zyklus) am Eierstock Follikel. Darin entwickelt sich die Eizelle.

Mit der Reifung eines oder mehrerer Follikel setzt die Brunst ein. Gegen Ende der Brunst platzt eines oder mehrere Follikel (Eisprung oder Follikelsprung). Das Ei wird frei, wird in den Eileiter gespült und auf dem Weg zur Gebärmutter befruchtet, wenn befruchtungsfähige Samenzellen vorhanden sind. In der ehemaligen Follikelhöhle entwickelt sich am Eierstock ein Gelbkörper, der ein Hormon (Progesteron) produziert, welches den Tragsack für die Aufnahme des Embryos vorbereitet und eine weitere Follikelreifung verhindert.

Fand keine Befruchtung statt, bildet sich der Gelbkörper wieder zurück und ein neuer Brunstzyklus beginnt.

Brunstzyklus: Rind und Schwein zirka 21 Tage

Brunstdauer: Rind 1 Tag
Schwein 2–3 Tage

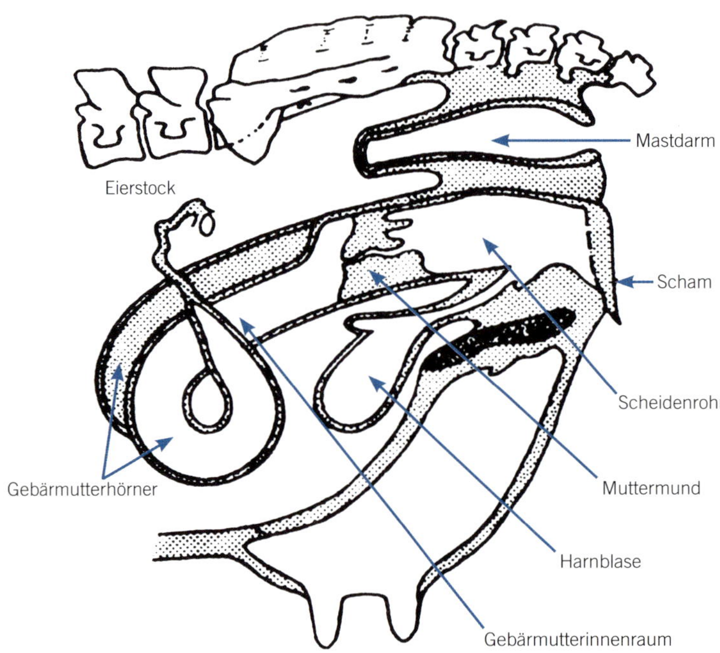

Schematische Darstellung der weiblichen Geschlechtsorgane des Rindes

2.6.3 Befruchtung

Bei der Befruchtung (im Eileiter) vereinigen sich eine weibliche Eizelle und eine männliche Samenzelle. Die beiden Zellkerne verschmelzen. Sie enthalten die väterlichen und mütterlichen Erbanlagen.

Schema der Befruchtung

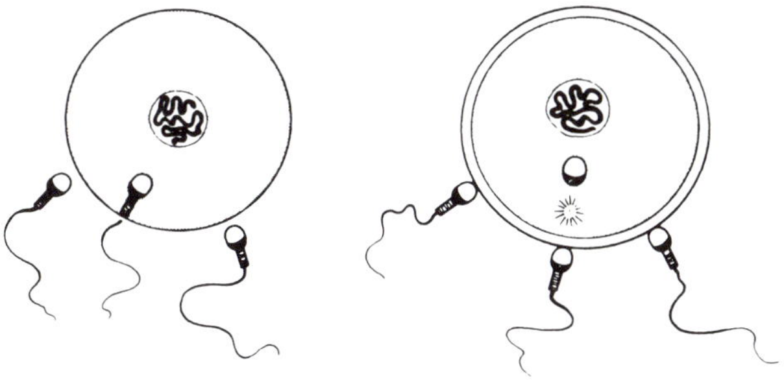

Ein Spermium dringt in das Ei und wirft seine Geißel ab. Sein Kopf enthält den Zellkern, sein Hals bringt ein (oder zwei) Zentralkörperchen mit.

Das Eindringen weiterer Spermien wird durch Bildung der Befruchtungsmembran verhindert. Samenkern und Eikern nähern sich. Der Hals des Samenfadens entlässt das Zentralkörperchern. Eikern und Samenkern verschmelzen.

Durch Verdoppelung des Zentralkörperchens wird die Zellteilung eingeleitet.

2.6.4 Entwicklung des Fötus im Mutterleib

In der Gebärmutter wächst die befruchtete Eizelle zum Embryo heran. Die Ernährung erfolgt anfangs aus der Gebärmuttermilch, nach der Einnistung (zirka 10 Tage nach der Befruchtung) wird die Frucht in Fruchthüllen eingebettet. Die Zotten der äußeren Fruchthülle verbinden sich mit der Gebärmutterwand und entnehmen dem mütterlichen Blut Nährstoffe und Sauerstoff, die sie dem Embryo zuleiten. Ebenso werden Stoffwechselprodukte ausgeschieden. Diese Form der Ernährung dauert bis zur Geburt an.

Sobald alle Organe erkennbar sind, wird die Frucht Fötus genannt.

Trächtigkeitsdauer: Rind ca. 285 Tage
Schwein ca. 115 Tage

Fruchtsack mit etwa zwölf Wochen altem Rinderfötus.

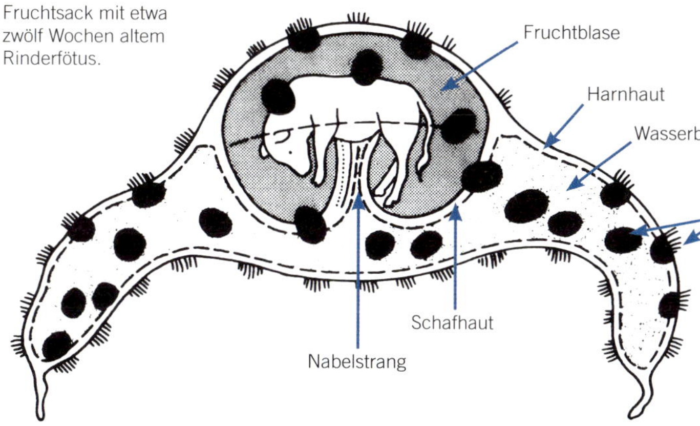

2.7 Tierbeurteilung

Lernziele
Die Bedeutung der Tierbeurteilung erklären
Die Beurteilung von Rahmen und Bemuskelung schildern
Wichtige Formfehler nennen
Die Eigenschaften eines guten Euters aufzählen

Die Tierbeurteilung hat in der Rinderzucht neben den Leistungsprüfungen noch immer ihre Berechtigung. Mit der Tierbeurteilung sollen die körperlichen Voraussetzungen für die Leistungsveranlagung erfasst werden. Dies setzt allerdings voraus, dass der Beurteiler neben praktischer Erfahrung genaue Kenntnisse über das Zuchtziel der zu beurteilenden Rasse besitzt.

Hinweise zum Vorführen und Beurteilen von Rindern:

- Die Beurteilung eines Tieres sollte möglichst im Freien, auf ebenem, nicht zu hartem Boden durchgeführt werden.
- Im Interesse der Sicherheit verwendet man Vorführbehelfe. Stiere führt man mit einer Führungsstange am Nasenring, weibliche Tiere werden mit einem Halfter geführt.

2.7.1 Beurteilung des Rahmens

Die Beurteilung des Rahmens bezieht sich auf Körpergröße, Körperlänge, Breite und Tiefe des Tieres. Dazu werden einige Körpermaße festgestellt.

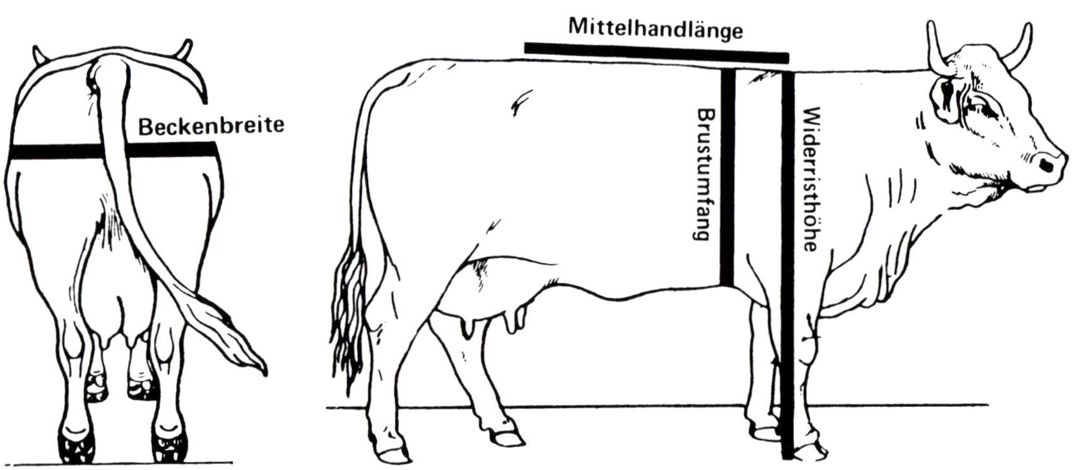

2.7.2 Beurteilung der Bemuskelung

Bei der Beurteilung der Bemuskelung muss immer die Rasse berücksichtigt werden. Ein Tier der Nutzungsrichtung Fleisch ist anders zu bewerten als ein Tier der Nutzungsrichtung Milch. Es wird nur die Bemuskelung der Hinterhand beurteilt.

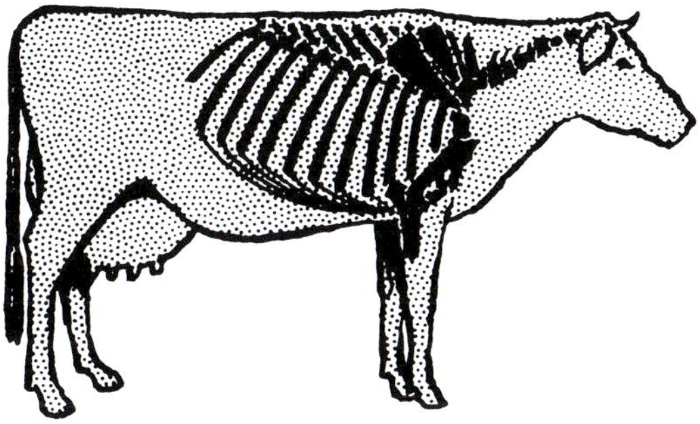

Milchtyp

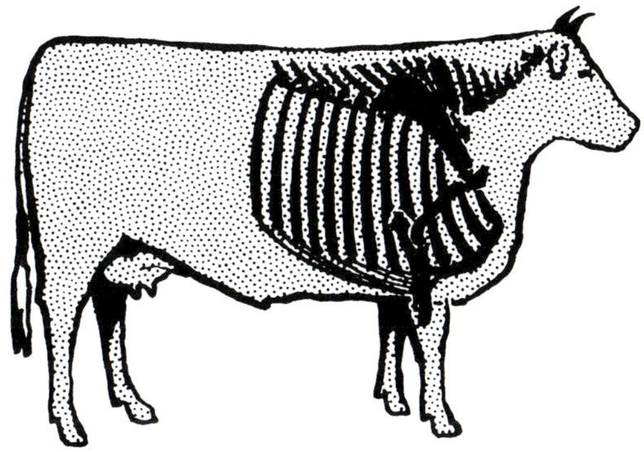

Masttyp

Kombinationstyp: Die weiblichen Rinder sollen eine gute Milchleistung aufweisen, die männlichen Rinder eine gute Fleischleistung.

Bei der Beurteilung sind die besonders Körperpartien der Hinterhand (Keule), sowie Schulter und Rücken zu berücksichtigen.

Durch die getrennte Bewertung von Rahmen und Bemuskelung besteht die Möglichkeit, milchbetonte, großrahmige, aber muskelarme Tiere und auch fleischbetonte, kleinrahmige, aber gut bemuskelte Tiere eindeutig zu beurteilen.

2.7.3 Beurteilung der Form (Beurteilung der einzelnen Körperteile)

Dabei sollen Zusammenhänge zwischen der Ausbildung einzelner Körperpartien und Leistungseigenschaften sowie nutzungseinschränkende Fehler berücksichtigt werden. Keine Schönheitsfehler (z. B. Farbe, Hornstellung usw.) beurteilen!

Besonders zu beachten sind:

Körperverbindungen

Wünschenswert sind:

Straffe Rückenlinie, fest anliegende Schulter, straffe Bänder im Beckenbereich. Lockere Körperverbindungen und Bänderschwächen beeinträchtigen Bewegung und Futteraufnahme und bringen gesundheitliche Störungen.

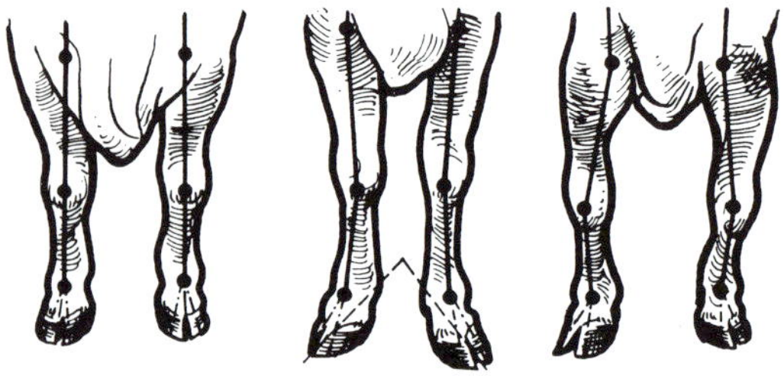

normal X beinig O-beinig

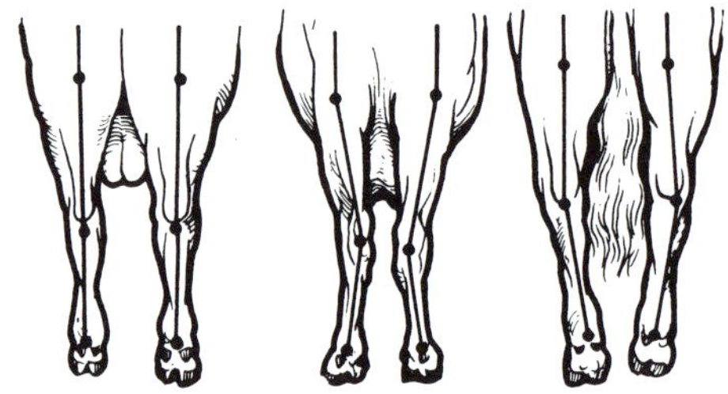

normal kuhhesig fassbeinig

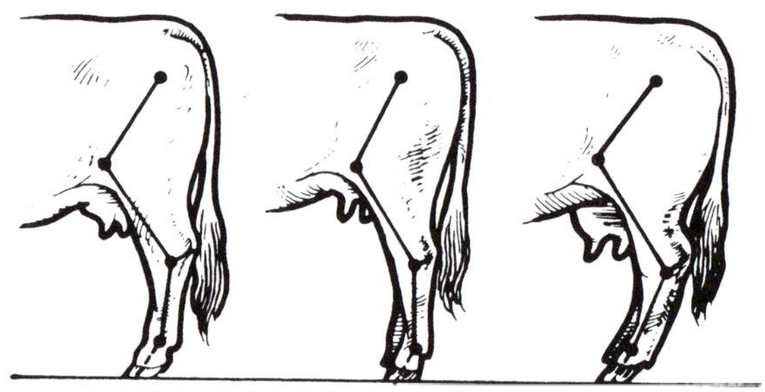

normal steil säbelbeinig

Fundament

Die Fundamentbeurteilung erfasst die Stellung der Gliedmaßen, die Gelenksausbildung und den Gang der Tiere. Die Gelenke sollen trocken und fest sowie richtig gewinkelt sein.

Becken

Das Becken soll genügend lang und breit sein. Die Breite des Beckens ist entscheidend für die Leichtkalbigkeit bzw. für den Fleischansatz (Behosung), ebenso für die Euterausbildung. Langes, breites Becken = großes Euter.

2.7.4 Beurteilung des Euters

Das Euter soll für einen problemlosen Einsatz der Melkmaschine geeignet sein. Da der Euterbau zu einem großen Teil erblich bedingt ist, kommt der Euterbeurteilung eine entsprechende Bedeutung zu. Bei der Euterbeurteilung sind das Alter der Kuh, der Leistungszustand (frisch-, mittel- oder altmelkend) und die Euterfüllung (vor oder nach dem Melken) zu berücksichtigen.

Gutes Euter Stufeneuter Hängeeuter Schiefes Euter

Beurteilt werden:

Eutergröße und Drüsigkeit

Die Größe des Euters ist für seine Leistungsfähigkeit ausschlaggebend. Drüsige Euter fallen nach dem Melken in sich zusammen.

Euterform

Ein gutes Euter soll wannenförmig sein. Es ist hinten hoch und breit angesetzt und reicht weit nach vorne. Gleichmäßig verteilte Viertel und genügend Bodenfreiheit erleichtern die Melkarbeit.

Zitzenform und Zitzenverteilung

Normale Zitzen sind walzenförmig, gleichmäßig dick und zirka 7 bis 9 cm lang. Zwischenzitzen und Afterzitzen sind unerwünscht. Die Zitzenverteilung soll die Melkarbeit nicht behindern.

Bei der Bewertung von Rahmen, Bemuskelung, Form und Euter werden maximal je neun Punkte vergeben; folgende Notenskala und -beschreibung wird verwendet:

9 = ausgezeichnet	6 = befriedigend	3 = mangelhaft
8 = sehr gut	5 = durchschnittlich	2 = schlecht
7 = gut	4 = ausreichend	1 = sehr schlecht

Bei einigen Rassen (Schwarzbunte, Braunvieh) wird ein 100-Punktesystem verwendet.

Rinderbeurteilung

Arbeitsaufgabe
Führe eine Rinderbeurteilung anhand eines Formblattes durch.

Wiederholungsaufgaben

1. Nenne verschiedene Aufgaben der Tierproduktion.
2. Nenne verschiedene Zellarten.
3. Nenne verschiedene Gewebe und ihre Aufgaben.
4. Bezeichne die wichtigsten Knochen und Gelenke des Skeletts.
5. Zähle die Blutbestandteile auf.
6. Erkläre die Aufgaben der Atmungsorgane.
7. Beschreibe den großen und den kleinen Blutkreislauf.
8. Erkläre den Pfortaderkreislauf.
9. Nenne die Abschnitte des Verdauungstraktes.
10. Erkläre die Verdauung beim Wiederkäuer.
11. Erkläre die Verdauung beim Schwein.
12. Stelle die Unterschiede in der Verdauung zwischen Rind und Schwein fest.
13. Beschreibe die Funktion der männlichen Geschlechtsorgane.
14. Beschreibe die Funktion der weiblichen Geschlechtsorgane.
15. Erkläre den Begriff „Befruchtung".

3 Grundlagen der Fütterung

Lernziele
Den Zweck der Fütterung nennen
Die Bestandteile eines Futtermittels nennen
Die Aufgaben der einzelnen Nährstoffe aufzählen
Die Bestimmung des Trockensubstanzgehaltes schildern
Den Begriff „Biologische Wertigkeit" des Eiweißes erklären
Die Aufgaben der Mineralstoffe und Vitamine nennen

3.1 Aufgaben der Fütterung

Die Fütterung hat den Zweck, das Tier mit Nähr-, Mineral- und Wirkstoffen sowie Wasser zu versorgen.

3.2 Zusammensetzung des Futters

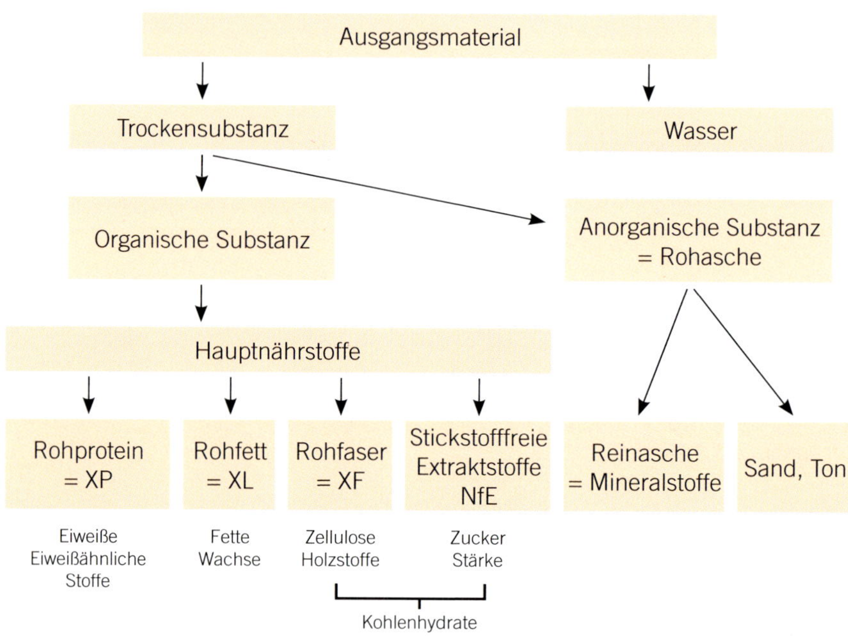

3.2.1 Wasser

Das Wasser zählt zu den wichtigsten Lebensgrundlagen. Menschen und Tiere können den Entzug von Nahrung wesentlich länger ertragen als den Entzug von Wasser. Leben ohne Wasser ist nicht möglich.

Aufgaben des Wassers im Tierkörper

Baustoff Lösungsmittel Transportmittel Spannungsmittel Leistungsbestandteil

Der Wasserbedarf ist abhängig von ...

- Alter und Gewicht des Tieres
- der Trockensubstanzmenge der Ration
- Eiweiß- und Mineralstoffgehalt der Ration
- der Leistung des Tieres
- der Umgebungstemperatur
- der relativen Luftfeuchtigkeit

Durchschnittlicher Wasserbedarf pro kg verzehrter Trockensubstanz:

- bei Rindern: 4–6 l
- bei Schweinen: 2–4 l

In der Praxis wird der Bedarf am besten gedeckt, wenn man den Tieren die Möglichkeit gibt, ständig frisches Wasser (hygienisch einwandfrei) in ausreichenden Mengen aufzunehmen (Selbsttränken).

3.2.2 Trockenmasse (TM)

Unter Trockenmasse versteht man den wasserfreien Gewichtsanteil eines Futtermittels. Wird ein Futtermittel bei einer Temperatur von 105° C zirka vier Stunden lang getrocknet, bleibt die Trockensubstanz übrig. Darin sind die wertbestimmenden Teile des Futters enthalten. Die Trockensubstanz ist sowohl in der Fütterung selbst als auch für die Qualität und Haltbarkeit eines Futtermittels von großer Bedeutung. In der Fütterung beeinflusst der Trockensubstanzgehalt eines Futtermittels weitgehend die Gesamtfutteraufnahme (= Maßstab für die Sättigung).

3.2.3 Nährstoffe

Eiweißstoffe (Proteine)

Die Eiweißstoffe sind außerordentlich komplizierte, aus Aminosäuren aufgebaute Verbindungen. Sie bestehen aus Kohlenstoff, Wasserstoff, Sauerstoff, Stickstoff, Phosphor und Schwefel.

Roheiweiß
(Rohprotein [XP])

Reineiweiß
(Protein)

NPN-Verbindungen
(Nicht-Protein-Stickstoff)

Jedes Eiweißfuttermittel weist eine ganz bestimmte Eiweißverdaulichkeit auf, die wieder je nach Tierart variiert.

Die Eiweißverdaulichkeit von Gerste beträgt bei Wiederkäuern 72 %, bei Schweinen jedoch 80 %.

Das Rohprotein oder Roheiweiß wird nicht direkt bestimmt. Man ermittelt dagegen den Stickstoffgehalt (N), woraus sich der Rohproteingehalt annähernd errechnen lässt. Um die Gesamtmenge an Eiweiß zu errechnen, multipliziert man die gefundene Menge an N mit dem Faktor 6,25.

1 kg Sojaschrot enthält z. B. 70 g N
70 x 6,25 = 437,5 g Rohprotein

Rohprotein × Verdauungskoeffizient ergibt das „verdauliche Rohprotein" (v. E.).
Der Verdauungskoeffizient von Rohprotein im Sojaschrot beträgt 93 %.
437,5 × 0,93 = 407 g verdauliches Rohprotein

NPN-Verbindungen kommen hauptsächlich in wirtschaftseigenen Futtermitteln vor (Grünfutter, Rüben usw.). Ihre größte Bedeutung besteht darin, dass sie in der Ernährung von Wiederkäuern als N-Quelle in Form technisch-synthetisch hergestellter Produkte (Harnstoff) dem Futter beigemischt werden können. Wiederkäuer können mit Hilfe der Pansenbakterien NPN-Verbindungen (z. B. Futterharnstoff) verwerten.

Bedeutung der Proteine

Proteine werden benötigt als

- Baustoff für Fleisch, Milch, Knochen, Haut, Haare usw.
- Bestandteil von Enzymen und Hormonen und für
- Abwehrfunktion (Immunkörper)

Eiweißqualität

Die Qualität des Eiweißes (biologische Wertigkeit) hängt von der Zusammensetzung der Aminosäuren ab. Bei der Ernährung der Nichtwiederkäuer muss man zwischen essentiellen (lebensnotwendigen) und nicht essentiellen Aminosäuren unterscheiden. Essentielle Aminosäuren müssen dem Körper mit der Nahrung zugeführt werden.

Wichtige essentielle Aminosäuren

- Lysin
- Methionin
- Cystin

Der tierische Organismus ist in der Lage, gewisse Aminosäuren aus anderen Aminosäuren oder aus einfachen N-haltigen Verbindungen (NPN-Verbindungen) selbst aufzubauen. Die Zufuhr mit der Nahrung kann deshalb unterbleiben; es sind dies die nicht essentiellen Aminosäuren.

Ein Maß für die Eiweißqualität ist die biologische Wertigkeit des Eiweißes. Sie gibt an, wieviel Gramm Körperprotein aus 100 g Futterprotein gebildet werden können und hängt vom Gehalt an essentiellen Aminosäuren ab.

Beispiele

Kuhmilch	92	Mais	54–60
Weizenkleie	74	Erbsen	48
Getreide	64–67	Pferdebohnen	38

Zusammenhang Futter – Körpereiweiß

Jede Pflanzenart hat ihren besonderen Eiweißaufbau. Je mehr essentielle Aminosäuren in ihr enthalten sind, umso wertvoller ist sie. Der Tierkörper zerlegt bei der Verdauung das im Futter enthaltene Eiweiß in die einzelnen Bausteine und baut sich daraus das körpereigene Eiweiß auf. Körpereiweiß kann nur aus Futtereiweiß entstehen!

Tierisches Eiweiß enthält mehr essentielle Aminosäuren als pflanzliches Eiweiß. Es ist daher biologisch hochwertiger und in der Fütterung wertvoller. Durch die Mischung mehrerer Futtermittel können Mängel in der Eiweißqualität der einzelnen Futtermittel ausgeglichen werden, so dass die biologische Wertigkeit solcher Eiweißgemische höher ist als die der Einzelbestandteile des Gemisches. Diese Ergänzungswirkung wird z. B. bei der Zusammenstellung von Schweinefutterrationen ausgenutzt. Futtermittel, die zu wenige essentielle Aminosäuren enthalten, können durch synthetische Aminosäuren (z. B. in Wirkstoffkonzentraten) aufgebessert werden.

Eiweißvergiftungen

Sie werden hauptsächlich durch verdorbenes Eiweiß verursacht. Eiweißüberschüsse bei gleichzeitigem Energiemangel belasten die Leber.

Fette (Energiereichster Nährstoff)

Fette sind aus Kohlenstoff, Wasserstoff und Sauerstoff aufgebaut. Chemisch gesehen handelt es sich um Verbindungen aus Glyzerin und Fettsäuren. In der Ernährung spielt das Fett vor allem als Energieträger eine wichtige Rolle. Das Tier kann aus sämtlichen Hauptnährstoffen des Futters Fett bilden. Das Futterfett beeinflusst das gebildete tierische Fett in seinen Eigenschaften (z. B. Farbe und Konsistenz des Specks und des Milchfettes).

Kohlenhydrate (N-freie Extraktstoffe)

Kohlenhydrate sind aus Kohlenstoff, Wasserstoff und Sauerstoff aufgebaute Substanzen. Die kleinsten Bausteine sind die Einfachzucker. Die Kohlenhydrate (besonders die Stärke) sind die wichtigsten Energielieferanten in der Tierernährung.

Die Rohfaser

Die Rohfaser gehört zu den Kohlenhydraten, nimmt aber in der Fütterung eine besondere Stellung ein. Sie ist im Allgemeinen schwerer verdaulich als die übrigen Nährstoffe. Pflanzliche Futtermittel werden um so schlechter verdaut, je mehr Rohfaser sie enthalten.

In den meisten Futterpflanzen ist mit fortschreitendem Vegetationsstadium ein zunehmender Anstieg des Rohfasergehaltes festzustellen. Unter dieser Zunahme, die auf Kosten wertvoller Futterbestandteile vor sich geht, leiden vor allem Schmackhaftigkeit und Verdaulichkeit. Tierische Futtermittel enthalten keine Rohfaser.

Aufgaben der Rohfaser in der Fütterung

Die Rohfaser ist verantwortlich für

- Sättigungsgefühl (mechanische Sättigung)
- Regelung des Säureverhältnisses im Pansen
- Bildung von Milchfett
- Anregung der Magen- und Darmtätigkeit

Wiederkäuer benötigen unbedingt bestimmte Mengen Rohfaser für eine gute Pansenfunktion. Bei Schwein und Geflügel dient die Rohfaser hauptsächlich als Ballast.

3.2.4 Mineralstoffe

Unter Mineralstoffen versteht man die in einem Futtermittel oder auch im pflanzlichen und tierischen Organismus enthaltenen anorganischen Elemente.

Mineralstoffe

Mengenelemente	Spurenelemente
Kalzium (Ca)	Eisen (Fe)
Phosphor (P)	Kupfer (Cu)
Kalium (K)	Mangan (Mn)
Natrium (Na)	Jod (J)
Magnesium (Mg)	Zink (Zn)
	Cobalt (Co)

Aufgaben

- Aufbau des Knochengerüstes
- Beeinflussung der gesamten Stoffwechselvorgänge
- Bestandteil von Enzymen und des Blutfarbstoffes

Gesundheit, Leistung, Fruchtbarkeit und Lebensalter der Tiere werden durch Mineralstoffe stark beeinflusst.

Der Gehalt der Futtermittel an Mineralstoffen ist sehr verschieden. Die Mineralstoffe müssen grundsätzlich als lebensnotwendige Nahrungsbestandteile betrachtet werden.

Verschiedene Mineralstoffe müssen in einem bestimmten Verhältnis zueinander vorhanden sein (Ca : P, K : Na).

Ein Mangel an Mineralstoffen im Futter führt zunächst zu Leistungsminderungen, erst in weiterer Folge und in schweren Fällen ruft er deutlich erkennbare Krankheitserscheinungen (Mangelerkrankungen) hervor.

Der Mineralstoffgehalt der wirtschaftseigenen pflanzlichen Futtermittel ist abhängig:

- von der botanischen Zugehörigkeit der Futterpflanzen
- von den im Boden vorhandenen Nährstoffen
- von den Witterungsverhältnissen
- vom Erntezeitpunkt
- vom Ernteverfahren

Mengenelemente

Kalzium (Ca)

Aufgaben:

- Knochenbildung
- Fruchtbarkeit
- Leistungsbildung (Milch, Eier)
- Nervenfunktion
- Blutgerinnung

Die Aufnahme von Kalzium wird durch Vitamin D verbessert. Ca-Mangel führt bei jungen Tieren zur Entstehung von Rachitis. Eine weitere Erkrankung, die auf Störungen im Ca-Stoffwechsel beruht, ist das Milchfieber.

Phosphor (P)

Aufgaben:

- Bestandteil der Knochen und der Zähne
- Energiespeicherung
- Bestandteil verschiedener Enzyme
- Vermittler der Hormon-Wirkung
- Puffersubstanz im Blut

Das gewünschte Ca : P-Verhältnis im Futter liegt bei 1,5 bis 2 : 1.

Kalium (K) und Natrium (Na)

Aufgaben:

- Kalium findet sich vor allem in Körperzellen.
- Natrium ist von besonders großer Bedeutung für alle Körpersäfte und ist besonders im Blut, in der Lymphe, im Speichel und in den Verdauungssäften enthalten.

Alle pflanzlichen Futtermittel sind arm an Natrium. Gemessen am Bedarf ist Kalium beinahe in allen Futtermitteln sehr reichlich, oft auch im Überschuss vertreten (meist in Güllebetrieben).

Das K : Na-Verhältnis soll beim Rind bei zirka 5 bis 20 : 1 liegen. Ein ungünstiges K : Na-Verhältnis muss durch eine ausreichende Viehsalzgabe ausgeglichen werden.

Magnesium (Mg)

Aufgaben:

- Bestandteil der Knochen und Zähne
- Nervenfunktion
- Enzymbestandteil

Magnesium ist im Futter meistens reichlich vorhanden. Mangel führt u. a. zu der bekannten Weidetetanie.

Abdeckung des Mineralstoffbedarfes:

- Mineralstoffe im Grundfutter
- Mineralstoffe im Kraftfutter
- Mineralstoffmischungen
- Einzelbestandteile (z. B. Viehsalz)

Möglichkeiten des Einsatzes von Mineralstoffmischungen:

- Mineralstoffmischung über das Grundfutter streuen
- Mineralstoffmischung ins Kraftfutter mischen
- Lecksteine

Arbeitsaufgabe
Sammle Sackanhänger verschiedener Mineralstoffmischungen.

Spurenelemente (Regulatoren von Lebensvorgängen)

Spurenelement	Aufgabe	Mangelerscheinungen	Vorkommen
Eisen (Fe)	Blutbildung, Funktionen im Stoffwechsel Enzymbestandteil	Blutarmut (Anämie), Fortpflanzungsstörungen	Grünfutter, Silagen, blattreiches Heu, Kleie
Kupfer (Cu)	Blutbildung, Enzymbestandteil, Fruchtbarkeit	Blutarmut, Lecksucht, Fruchtbarkeitsstörungen	Grün- und Raufutter, Kraftfutter (Ölkuchen), Kleie
Mangan (Mn)	Knochenbildung, Enzym- und Hormonbildung, Fruchtbarkeit	Fruchtbarkeitsstörungen Muskelschwäche (Schwein), unregelmäßige Brunst	Grünfutter, Raufutter Silagen
Zink (Zn)	Bildung des Insulins (Blutzuckerregelung), Funktion des Hautgewebes Stoffwechsel	schwächeres Wachstum Haarausfall, verringerte Futteraufnahme, Hautkrankheiten	Kleie, Futterhefe, Ölkuchen
Kobalt (Co)	Aufbau von Vitamin B_{12} Bildung und Ausschüttung verschiedener Enzyme, Bildung der roten Blutkörperchen	Blutarmut, Lecksucht, geringe Fresslust, Leistungsrückgang, Entwicklungstörungen	Zuckerrübenblatt, Futterhefe, Melasse
Jod (J)	Stoffwechsel, Aufrechterhaltung der Schilddrüsentätigkeit, Geschlechtsfunktion	Dickhalsigkeit und Lebensschwäche der Ferkel	Weizenkleie, Trockenschnitte

3.2.5 Vitamine

Einteilung:

Vitamine

- fettlösliche: A, D, E, K
- wasserlösliche: B_1, B_2, B_6, B_{12}, C, Nikotinsäure, Cholin, Folsäure, Panthothensäure, Biotin u. a.

Vitamine sind lebenswichtige Stoffe, die in kleinen Mengen mit der Nahrung aufgenommen werden und für Gesundheit und Leistungsfähigkeit der Tiere unumgänglich notwendig sind. Der Vitaminbedarf der Tiere sowie der Gehalt der Futtermittel an Vitaminen werden in i. E. (internationalen Einheiten) oder mg (Milligramm) bzw. µg oder mcg (Mikrogramm) angegeben.

Jedes Vitamin hat besondere Funktionen, die nicht von einem anderen Vitamin übernommen werden können.

Die Tiere können einige Vitamine in unterschiedlichem Ausmaß selbst bilden (z. B. können Wiederkäuer mit Hilfe der Pansenlebewesen die Vitamine B, C und K bilden). Andere Vitamine entstehen im Organismus aus im Futter enthaltenen Vorstufen, den Provitaminen (z. B. Karotin vom Vitamin A).

Eine Unterversorgung mit Vitaminen führt zu Mangelerscheinungen (z. B. bewirkt ein Mangel an Vitamin D bei den Tieren Knochenweiche).

Die Aufgaben der in der Tierernährung häufig zugesetzten Vitamine

Vitamin A (Wachstums- und Fruchtbarkeitsvitamin)

Dieses ist für die Funktion der Schleimhäute, die Augenfunktion sowie zur Aufrechterhaltung der normalen Geschlechtsfunktion notwendig. Es wird in der Leber gespeichert. Vitamin A ist sauerstoff- und lichtempfindlich. Pflanzliche Futtermittel enthalten nur das Provitamin Carotin. Dieses ist besonders in Grünfutter, Silagen und Luzernegrünmehl enthalten.

Vitamin B-Komplex (Stoffwechselvitamine)

Dazu gehören verschiedene chemische Verbindungen mit spezifischen Aufgaben in Nervenfunktion, Eiweißaufbau, Kohlenhydratstoffwechsel, Wachstum, Blutbildung u. a.

Das erwachsene Rind erzeugt die B-Vitamine im Pansen. Jungtiere, besonders Schweine und Geflügel, brauchen Vitamin B im Futter. Futterhefe und Kleie sind besonders reich an Vitamin B.

Vitamin D_2, D_3 (Antirachitisches Vitamin)

Es regelt den Ca- und P-Stoffwechsel und kann in der Haut aus Provitaminen durch UV-Strahlen gebildet werden. Ein Mangel an Vitamin D bewirkt Knochenweiche (Rachitis). Jungtiere weisen einen erhöhten Vitamin-D-Bedarf auf.

Vitamin E

Schützt das Vitamin A vor Oxydation und hat daher Einfluss auf die Fruchtbarkeit.

3.2.6 Futterzusatzstoffe

Antibiotika

Antibiotika sind gemäß geltender Gesetze als Leistungsförderer verboten.

Probiotika

Futterzusätze von Milchsäurebakterien bewirken eine günstige Verdauung und verdrängen schädliche Keime aus dem Verdauungstrakt.

Antioxydantien

schützen sauerstoffempfindliche Futterbestandteile vor Oxydation.

Emulgatoren

Sie erhöhen die Löslichkeit von bestimmten Nährstoffen, besonders von Fett (wichtig bei Fettzusätzen).

3.3 Grundbegriffe des Futterwertes

Weender Nährstoffanalyse und damit zusammenhängende Begriffe

Stoffgruppe	Abkürzungen Symbole	Bestimmung
Frischsubstanz	FS	Wägen
Wasser	WA	Trocknung bei 105° C
Rohasche	XA	Veraschung
Rohfett	XL	Extraktion mit Äther
Rohprotein	XP	Stickstoff x 6,25
Rohfaser	XF	Schwefelsäure und Kalilauge
N-freie Extraktstoffe	XX	
Trockensubstanz	TM	= Frischsubstanz – Wasseranteil
Organische Substanz	OS	= Trockensubstanz – Rohasche

Maßstäbe für die Futterenergie

Lernziele
Die Begriffe der Weender Futtermittelanalyse nennen und erklären
Die Energiemaßstäbe für Rinder, Schweine und Geflügel nennen und erklären
Die Arten der Sättigung aufzählen und erklären
Die Begriffe Erhaltungsfutter und Leistungsfutter erklären

3.3.1 Energiemaßstäbe für Rinder

Umsetzbare Energie (ME)

Mit der umsetzbaren Energie wird in der Rindermast und in der Kalbinnenaufzucht gerechnet.

Nettoenergie-Laktation (NEL)

Die Nettoenergie-Laktation entspricht der Nettoleistung der Milchkuh und gibt den Energiegehalt im Futter an, der nach Abzug des Erhaltungsbedarfes in der Milch erscheint. Die NEL von Futtermitteln wird in Mega-Joule (MJ) ausgedrückt.

3.3.2 Energiemaßstäbe für Schweine

Die umsetzbare Energie (UE oder ME) ist jene Energiemenge, die nach Abzug der Energieverluste durch Kot und Harn für den Tierkörper verwertbar ist. Sie wird in Mega-Joule (MJ) angegeben.

3.3.3 Energiemaßstäbe für Geflügel

Beim Geflügel erfolgt die Futterbewertung im Allgemeinen auf der Basis der umsetzbaren Energie (ME). Die umsetzbare Energie wird in Kilojoule (KJ) oder in Megaloule (MJ) angegeben.

3.3.4 Maßstäbe für das Eiweiß

Für Rinder gilt seit der Einführung der NEL das Rohprotein als rechnerische Basis für die Futterwertberechnung (XP). Bei Milchkühen wird mit dem nutzbaren Rohprotein (nXP) gerechnet. Es besteht aus dem Rohprotein und dem Mikrobenprotein.

Beim Schwein wird ebenfalls das Rohprotein verwendet. Dabei ist jedoch der Aminosäuregehalt, der auch die biologische Eiweißwertigkeit bestimmt, von entscheidender Bedeutung für die Leistungskraft des Futters.

Beim Geflügel werden für die Berechnung das Rohprotein und der Gehalt an essentiellen Aminosäuren herangezogen.

Bei der Rationserstellung muss, der Tierart und Leistung entsprechend, ein bestimmtes Verhältnis von Eiweiß und Energie eingehalten werden, wenn höchste Futterausnutzung erzielt werden soll.

3.4 Erhaltungs- und Leistungsfutter

Das Erhaltungsfutter hat dem Tier die Nährstoffe zuzuführen, die für die Lebenserhaltung erforderlich sind. Das Leistungsfutter soll die Nährstoffmengen enthalten, die für die Leistungsbildung verwendet werden.

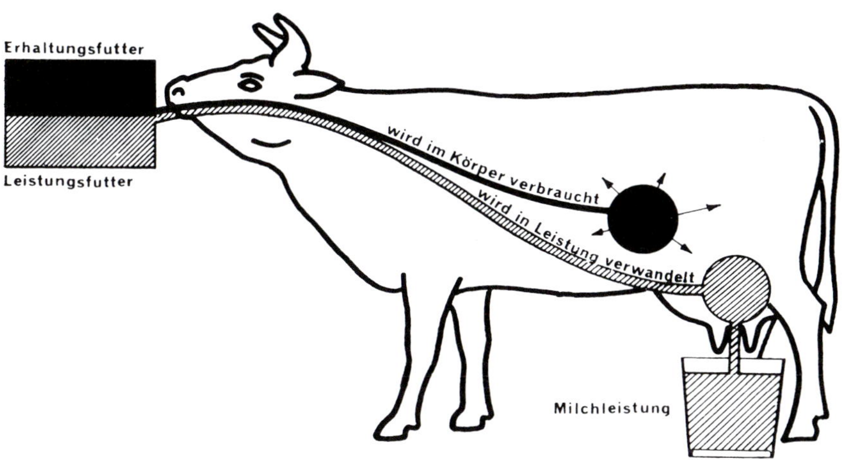

Erhaltungs- und Leistungsfutter; das Erhaltungsfutter dient nur der Erhaltung des Lebendgewichtes, während das Leistungsfutter notwendig ist, um außerdem eine Leistung hervorbringen zu können.

3.5 Verdaulichkeit

Sie gibt an, wie viel Prozent eines Futtermittels für die Tierart verwertbar sind.

Die Verdaulichkeit eines Futtermittels hängt ab von:

- Tierart
- Futterqualität
- Rohfasergehalt
- Rationszusammensetzung

3.6 Sättigung

Die Regulationssysteme für die Futteraufnahme sind mechanischer und physiologischer Art. Von mechanischer Sättigung spricht man, wenn ein gewisser Füllungsgrad und damit Füllungsdruck im Verdauungstrakt erreicht ist. Die physiologische Sättigung ist dann gegeben, wenn der Nährstoffbedarf des Tieres gedeckt ist.

3.7 Berechnung von Futterrationen

Eine leistungsgerechte Fütterung setzt eine möglichst genaue Schätzung des Nährstoffbedarfs für Erhaltung und Leistung sowie des Nährstoffgehaltes der zur Verfügung stehenden Futtermittel voraus. Der Nährstoffgehalt vieler Futtermittel kann in Futterwerttabellen abgelesen werden. Genauere Werte erhält man aus Futtermittelanalysen (Einschicken von Proben an spezielle Untersuchungsstellen).

4 Futtermittel

Lernziele
Die wichtigsten Grundfuttermittel aufzählen
Die Silagen aufzählen und ihre Verwendbarkeit beschreiben
Die Einflüsse auf den Futterwert von Raufutter nennen
Die Kraftfuttermittel nennen und ihre Verwendbarkeit beschreiben
Einige Mineralfutterarten aufzählen
Einige Mischfutterarten nennen

4.1 Grundfutter

4.1.1 Saftfutter

Zum Saftfutter zählt man Grünfutter, Silagen, Rüben und Kartoffeln.

Grünfutter

Das Grünfutter ist wegen seiner vielseitigen Zusammensetzung für die Fütterung ganz besonders wertvoll. Der Einfluss von Boden, Düngung, Klima und Erntezeitpunkt auf die Qualität ist besonders groß. Das frische Grünfutter ist wasserreich, vitaminreich und leicht verdaulich. Mit zunehmendem Alter nimmt der Rohfaseranteil zu, Verdaulichkeit und Eiweißgehalt nehmen ab. Grünfutter stammt vom Dauergrünland oder aus dem Feldfutterbau und soll immer frisch verfüttert werden.

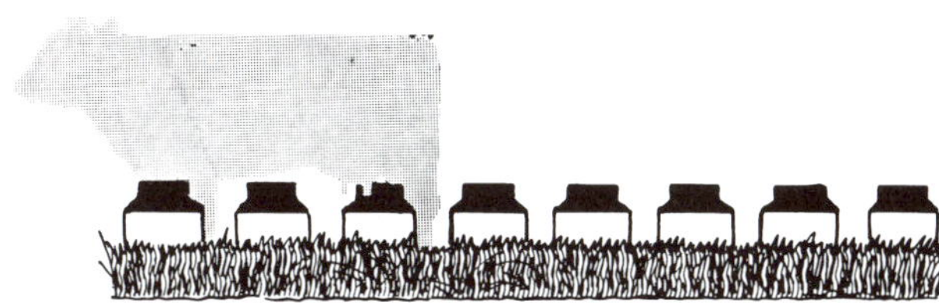

Nur die **unterbrochene** Versorgung mit eiweißreichem Grünfutter bringt **gleichmäßige, hohe** Milchleistungen im Sommer!

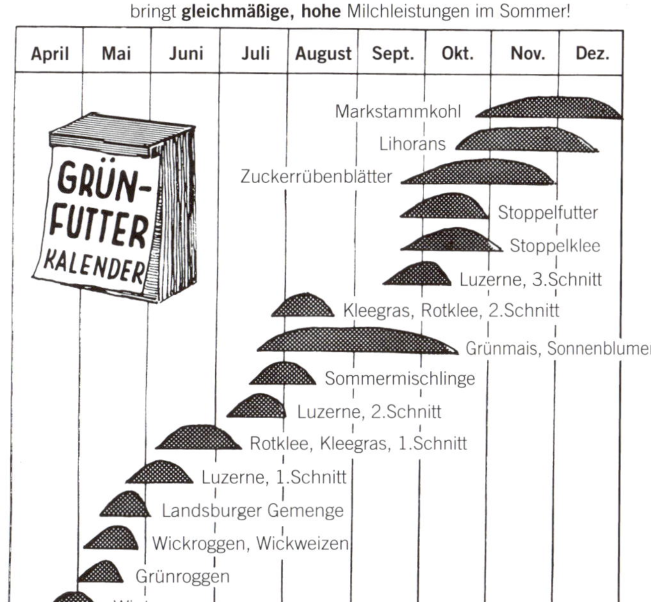

Silagen

Der Futterwert der Silagen ist abhängig von:

- Pflanzenart
- Vorwelkgrad
- Silierzeitpunkt
- Gärverlauf

Das durch Gärung konservierte Futter nimmt immer mehr die erste Stelle in der Fütterung ein (geringere Konservierungsverluste, bessere Verdaulichkeit, geringerer Arbeitsaufwand und geringeres Wetterrisiko als bei Heuwerbung).

Bei der Qualitätsbeurteilung von Silagen werden Geruch, Farbe und Struktur des Futters beurteilt. Ein erhöhter Buttersäuregehalt der Silage zeigt an, dass verschmutztes Futter siliert wurde und deshalb die Gärung ungünstig verlaufen ist und dass auch Nährstoffverluste aufgetreten sind. Bei Verfütterung schlecht vergorener Silagen ist mit Gesundheitsstörungen (Leberschäden) und mit einer Verschlechterung der Milchqualität (Geruchsbeeinflussung) zu rechnen.

Siliergrundsätze

- gut anwelken
- gut verdichten
- den Silo rasch füllen
- luftdicht abdecken

Grassilage

Sie stellt das wichtigste Grundfutter während der Winterfütterung der Milchkühe und der Aufzuchtrinder dar. Der Futterwert der Silage hängt von der fachgerechten Silierung ab.

Maissilage

Der Silomais soll wegen günstiger Nährstoffkonzentration und Verdaulichkeit in der Teigreife siliert werden (exakt, kurzer Häckselschnitt). Maissilage ist das ideale Grundfutter in der Rindermast, kann aber auch in der Milchvieh- und Zuchtsauenfütterung eingesetzt werden.

Tabelle: Silagebewertung nach ÖAG-Schlüssel

Güteklasse:

1	20 bis 16 Punkte
2	15 bis 10 Punkte
3	9 bis 5 Punkte
4	4 und weniger Punkte

1. Geruch:	**Punkte**
☐ frei von Buttersäuregeruch, angenehm säuerlich, aromatisch, fruchtartig, auch deutlich brotartig	**14**
☐ schwacher oder nur in Spuren vorhandener Buttersäuregeruch (Fingerprobe) oder stark sauer, stechend, wenig aromatisch	**10**
☐ mäßiger Buttersäuregeruch oder deutlicher, häufig stechender Röstgeruch oder muffig	**4**
☐ starker Buttersäuregeruch oder Ammoniakgeruch oder fader, nur sehr schwacher Säuregeruch	**1**
☐ Fäkalgeruch, faulig oder starker Schimmelgeruch, Rottegeruch,	**-3**

2. Gefüge:	**Punkte**
☐ Gefüge der Blätter und Stängel erhalten	**4**
☐ Gefüge der Blätter angegriffen	**2**
☐ Gefüge der Blätter und Stängel stark angegriffen, schmierig, schleimig oder leichte Schimmelbildung oder leichte Verschmutzung	**1**
☐ Blätter und Stängel verrottet oder starkte Versehrnutzung	**0**

3. Farbe:	**Punkte**
☐ dem Ausgangsmaterial entsprechende Gärfutterfarbe, bei Gärfutter aus angewelktem Gras, Kleegras, usw. auch leichte Bräunung	**2**
☐ Farbe wenig verändert, leicht gelb bis bräunlich	**1**
☐ Farbe stark verändert, giftig grün oder hellgelb entfärbt oder starke Schimmelbildung	**0**

Die unter 1., 2. und 3. erreichten Punkte werden addiert

Rüben

Sie haben eine günstige verdauungsfördernde diätetische Wirkung und sind besonders für Milchkühe (milchtreibende Wirkung) und Zuchtschweine geeignet.

Kartoffeln

Sie sind ein leicht verdauliches Saftfutter, das wegen seines hohen Stärkewertes gerne als Mastfutter verwendet wird. Angegrünte und angekeimte Kartoffeln dürfen auf keinen Fall roh verfüttert werden, da sie das Gift Solanin enthalten. Sie müssen vor dem Dämpfen entkeimt und das Dämpfwasser weggeschüttet werden.

An Rinder können Kartoffel roh verfüttert werden, Schweinen sollten sie immer gedämpft gegeben werden.

4.1.2 Raufutter

Zum Raufutter gehören alle Arten von getrocknetem Grünfutter (Heu) und Futterstroh.

Heu

Die Bedeutung des Heues als Hauptgrundfutter ist durch die Ausdehnung der Silierung stark zurückgegangen. Im Sinne einer wiederkäuergerechten Fütterung muss bei Rindern aber ein entsprechender Heuanteil in der Ration vorhanden sein (Rohfaser- und Strukturfutter). In Käsereigebieten (Silosperrgebieten) hat Heu eine besondere Bedeutung.

Heu kann vom ersten, zweiten oder dritten Schnitt stammen und verschiedener Herkunft sein: Wiesen-, Weide-, Klee- und Luzerneheu, Kleegrasheu usw.

Der Nährstoffgehalt des Heues hängt von verschiedenen Faktoren ab:

- von Boden und Düngung
- vom Schnittzeitpunkt
- vom Pflanzenbestand
- vom Erntewetter und der Art der Trocknung

Tabelle: Heubewertung nach ÖAG-Schlüssel

Güteklasse:

1 20 bis 16 Punkte
2 15 bis 10 Punkte
3 9 bis 5 Punkte
4 4 und weniger Punkte

1. Geruch:	☐ außerordentlich guter, aromatischer Heugeruch	**5 Punkte**
	☐ guter, aromatischer Heugeruch	**3 Punkte**
	☐ fad bis geruchlos	**1 Punkte**
	☐ schwach muffig, brandig	**0 Punkte**
	☐ stark muffig (schimmelig) oder faulig	**-3 Punkte**
2. Farbe:	☐ einwandfrei, wenig verfärbt	**5 Punkte**
	☐ verfärbt, ausgeblichen	**3 Punkte**
	☐ stark ausgeblichen	**1 Punkte**
	☐ gebräunt bis schwärzlich oder schwach schimmelig	**0 Punkte**
3. Gefüge:	☐ blattreich (Klee-, Kräuter- und Grasblätter erhalten, ebenso Knospen u. Blütenstände), weich und zart im Griff	**7 Punkte**
	☐ blattärmer, wenig harte Stängel, etwas hart im Griff	**5 Punkte**
	☐ sehr blattarm, viele harte Stängel, rau und steif im Griff	**2 Punkte**
	☐ fast blattlos, viele verholzte Stängel grob und überständig	**0 Punkte**
3. Verunreinigung:	☐ keine (keine Staubentwicklung)	**3 Punkte**
	☐ mittlere (geringe Staubentwicklung)	**1 Punkte**
	☐ starke (Erde- bzw. Mistreste)	**0 Punkte**

Die unter 1., 2., 3. und 4. erreichten Punkte werden addiert

Futterstroh

Zur Deckung eines Rohfasermangels kann besonders Sommerungsstroh sehr gut eingesetzt werden. Der Futterwert ist jedoch gering. Stroh verbessert die Strukturwirkung von Mischrationen (TMR) bei Milchvieh.

Arbeitsaufgabe
Ermittle die Vorräte an Grundfuttermitteln im elterlichen Betrieb.
Zeichne einen Grünfutterkalender für den elterlichen Betrieb.

4.2 Kraftfutter

Kraftfuttermittel haben eine hohe Nährstoffkonzentration, das Verhältnis Eiweiß zu Energie ist unterschiedlich.

Kraftfutter = alle Futtermittel über 500 STE je kg

4.2.1 Energiereiches Kraftfutter

Roggen

Der Roggen ist ein kohlenhydratreiches Futtermittel mit hohem Nährstoffgehalt. Wegen seines bitteren Geschmackes soll er in Mischungen mit anderen Getreidearten verwendet werden. Der Futterwert von Roggenkleie und Roggenfuttermehl hängt vom Ausmahlungsgrad ab.

Weizen

Er ist ein ausgezeichnetes Futtermittel mit hohem Nährstoffgehalt und wird besonders in der Schweine- und Geflügelfütterung verwendet. Grobe Weizenkleie hat eine besonders verdauungsfördernde Wirkung.

Triticale

Ist eine Kreuzung von Roggen und Weizen, hat einen hohen Rohproteingehalt, eine hohe Verdaulichkeit und ist als Futtergetreide gut einsetzbar.

Gerste

Dieses Futtermittel zeichnet sich durch hohe Verdaulichkeit und Bekömmlichkeit aus. Die Gerste ist ein erstklassiges Futtermittel für die Schweine- und Rinderfütterung.

Hafer

Der Nährstoffgehalt des Hafers wird stark vom Spelzenanteil beeinflusst. Hafer wird besonders in der Fütterung der Vatertiere, Jungtiere und Muttersauen eingesetzt. Hafer enthält durch Verpilzung oft Schadstoffe.

Mais

Der Mais ist das Futtergetreide mit dem höchsten Energiegehalt. Sein Mineralstoff- und Rohproteingehalt ist gering. Er wird vorwiegend in der Mast verwendet.

Trockenschnitte

Sie sind arm an Eiweiß, enthalten aber wertvolle Spurenelemente und Zucker (besonders melassierte Trockenschnitte). Trockenschnittepellets werden durch Pressen der Trockenschnitte hergestellt.

Kleien Weizen- oder Roggenkleien enthalten viel Rohfaser und den Mineralstoff Phosphor.

4.2.2 Eiweißreiches Kraftfutter

Pflanzliche Eiweißfuttermittel

Sojaschrot

hat eine hohe biologische Wertigkeit. Sojaschrot gibt es in 2 Qualitätsstufen (Sojaschrot XP mit knapp unter 44 % Rohprotein und Sojaschrot HP mit knapp unter 50 % Rohprotein).

Sojaschrot kann an alle Tierarten verfüttert werden und stellt derzeit das preiswerteste Eiweißfuttermittel dar.

Rapsschrot

ist einer der wenigen Ölschrote aus heimischer Erzeugung. Er sollte in Mischung mit anderen Eiweißfuttermitteln verwendet werden.

Sonnenblumenschrot

kann wegen seines hohen Rohfasergehaltes (Schalenanteil) nur begrenzt eingesetzt werden.

Leinschrot

enthält sehr viel Fett und hat eine ausgezeichnete diätetische Wirkung. Leinschrot wird besonders an Kälber und Ferkel verfüttert.

Ackerbohnen (Pferdebohnen)

stammen aus heimischer Erzeugung. Der XP-Gehalt beträgt im Mittel 27 %. 1 kg Ackerbohnen ersetzt nährstoffmäßig zirka 0,5 kg Sojaschrot und 0,5 kg Gerste. Ackerbohnenschrot kann an alle Tierarten verfüttert werden.

Körnererbsen

Körnererbsen sind ebenfalls ein eiweißreiches Futter (Ø 22 % RP) aus heimischer Produktion. Ihr Einsatz ist in der Rinder- und Schweinefütterung möglich. 1 kg Futtererbsen ersetzt nährstoffmäßig 0,37 kg Sojaschrot und 0,68 kg Gerste.

Futterhefe

Sie stellt ein leicht verdauliches, hochwertiges Eiweißfutter dar und enthält viel Vitamin B. Futterhefe wird besonders in der Ferkelfütterung verwendet.

Trockengrünfutter

Grünmehle, oft zu Pellets gepresst, sind Futtermittel, die besonders viel Carotin enthalten.

Tierische Eiweißfuttermittel

Vollmilch

ist ein hochwertiges Futtermittel für Kälber und Schweine.

Magermilch
kann frisch oder dicksauer in der Kälberaufzucht und in der Schweinefütterung eingesetzt werden. Trockenmagermilch ist ebenfalls ein hochwertiges Eiweißfuttermittel.

4.3 Mineralfutter

4.3.1 Kalkhältige Futtermittel und Phosphate

Dazu zählen: Kohlensaurer Futterkalk, Schlämmkreide, Mono- und Dicalziumphosphat, kombinierte Ca-, Mg- und Na-Phosphate.

4.3.2 Viehsalz

Es dient der Na-Versorgung. Lecksteine enthalten hauptsächlich NaCl (= Kochsalz), werden oft aber auch mit Spurenelementen angereichert.

4.3.3 Mineralstoffmischungen

Diese Mischungen enthalten Mengenelemente und Spurenelemente. Vitaminzusätze werden angegeben. Je nach Tierart und Futtergrundlage sind die Anforderungen an die Mineralstoffmischung verschieden. Daher gibt es für jeden Fütterungszweck bestimmte Mineralstoffmischungen.

4.4 Mischfutter

Darunter versteht man Kraftfuttermischungen, die für einen bestimmten Fütterungszweck hergestellt werden. Solche Mischungen sind im Handel erhältlich, können aber auch selbst hergestellt werden. Meist werden dem Mischfutter auch Wirkstoffe (Mineralstoffe, Vitamine, Aminosäuren usw.) zugesetzt. Nach ihrer Verwendung unterscheiden wir:

4.4.1 Alleinfutter (Fertigfutter)

Diese Mischungen werden den Tieren als alleiniges Futter gefüttert und enthalten alle notwendigen Nähr-, Mineral- und Wirkstoffe. Dazu zählen z. B.: Zuchtsauen-Alleinfutter, Schweinemast-Alleinfutter, Legehennen-Alleinfutter usw.

4.4.2 Ergänzungsfutter

Diese haben die Aufgabe, bestimmte wirtschaftseigene Futtermittel zu ergänzen; so ergänzt Zuchtsauen-Ergänzungsfutter beispielsweise das Grundfutter bei der kombinierten Fütterung der Zuchtsauen.

4.4.3 Konzentrate

Diese sind vor der Verwendung mit wirtschaftseigenem Futter (Getreide) zu mischen: Eiweißkonzentrate, Wirkstoffkonzentrate usw.

4.4.4 Medizinalfutter

Dabei handelt es sich um Fertigfutter oder Konzentrate, denen Arzneimittel zugesetzt sind. Man verwendet sie zur Vorbeugung gegen Krankheiten und bei Stresssituationen (Transport, Umstallung, extreme Witterung). Sie sind rezeptpflichtig.

4.5 Preiswürdigkeit von Futtermitteln

Beim Zukauf von Futtermitteln sollten jene Futtermittel gekauft werden, die die benötigten Nährstoffe am billigsten liefern. Zur Beurteilung der Preiswürdigkeit errechnet man die Reinnährstoffpreise, und zwar:

- Bei Eiweißfuttermitteln wird der Preis von einem kg Rohprotein (XP bzw. verdaulichem Rohprotein) berechnet

$$\text{Preis je Kg XP} = \frac{\text{Futtermittelpreis x 1000}}{\text{XP-Gehalt des Futtermittels (in Gramm)}}$$

- Bei Energiefuttermitteln wird der Preis von 1000 MJ NEL berechnet.

$$\text{Preis je 1000 MJ NEL} = \frac{\text{Futtermittelpreis x 1000}}{\text{MJ NEL des Futtermittels}}$$

Arbeitsaufgabe
Erfrage die Preise und beurteile die Preiswürdigkeit folgender Futtermittel:
- Sojaschrot, Leinschrot, Futterhefe
- Gerste, Weizen, Mais, Trockenschnitte

4.6 Futtermittelgesetz und Futtermittelverordnung

regeln die gewerbsmäßige Erzeugung, den Handel mit Futtermitteln und dessen Kontrolle. Sie dienen in erster Linie dem Schutz des Landwirtes vor unlauterem Wettbewerb, indirekt jedoch auch dem Schutz der menschlichen Gesundheit, da bestimmte gefährdende Futterzusatzstoffe von einer Verwendung im Mischfutter ausgeschlossen sind (z. B. Hormone, Penicillin u. a.).

Für den Landwirt ist von praktischer Bedeutung, dass bei Mischfutter, Eiweißergänzungs- und Mineralfutter sowie bei Wirkstoffmischungen die wertbestimmenden Bestandteile am Sackaufkleber, -anhänger oder -aufdruck angeführt sind.

Die Futtermittel werden von der behördlichen Futtermittelkontrolle (AGES) laufend untersucht.

Wiederholungsaufgaben

1. Nenne die Aufgaben der Fütterung.
2. Zähle die Bestandteile eines Futtermittels auf.
3. Nenne die Aufgaben des Wassers im Tierkörper.
4. Erkläre die Bedeutung der Trockensubstanz.
5. Nenne die Aufgaben der Kohlenhydrate im Tierkörper.
6. Nenne die Aufgaben der Fette im Tierkörper.
7. Zähle die Eiweißbestandteile auf.
8. Erkläre den Begriff „Rohprotein".
9. Erkläre den Begriff „essentielle Aminosäuren".
10. Nenne die Aufgaben der Rohfaser in der Fütterung.
11. Wie beeinflusst der Rohfasergehalt eines Futtermittels dessen Verdaulichkeit?
12. Zähle Mineralstoffe auf, welche im Tierkörper von Bedeutung sind.
13. Nenne die allgemeinen Aufgaben der Mineralstoffe.
14. Nenne wichtige Spurenelemente und ihre Aufgaben
15. Nenne einige Vitamine und ihre wichtigsten Aufgaben.
16. Wie wird der Vitamingehalt eines Futtermittels angegeben?
17. Nenne Maßstäbe für die Energiebewertung des Futters:
    a) beim Rind
    b) beim Schwein
18. Erkläre die Begriffe „Erhaltungsfutter" und „Leistungsfutter".
19. Wann zählt man ein Futtermittel zum Grundfutter und wann zum Kraftfutter?
20. Nenne wichtige Grünfuttermittel und zähle ihre Eigenschaften auf.
21. Welche Faktoren beeinflussen den Nährwert des Heues?
22. Nenne einige energiereiche Kraftfuttermittel.
23. Nenne einige eiweißreiche Kraftfuttermittel.
24. Was versteht man unter einem Mischfutter?

5 Grundlagen der Züchtung

5.1 Die Gene – Der Sitz der Erbanlagen

Die Zellkerne enthalten ein Fadengerüst, die Kernschleifen oder Chromosomen. In den Chromosomen befinden sich die Erbanlagen (Gene).

Jede Tierart hat in ihren Zellen eine ganz bestimmte Anzahl von Chromosomen, z. B.:

	Körperzellen	Ei- und Samenzellen
Rind	60	30
Schwein	40	20
Pferd	64	32

Die Chromosomen sind in den Körperzellen immer paarweise vorhanden. Ein Chromosom stammt von der Mutter, eines vom Vater des betreffenden Tieres.

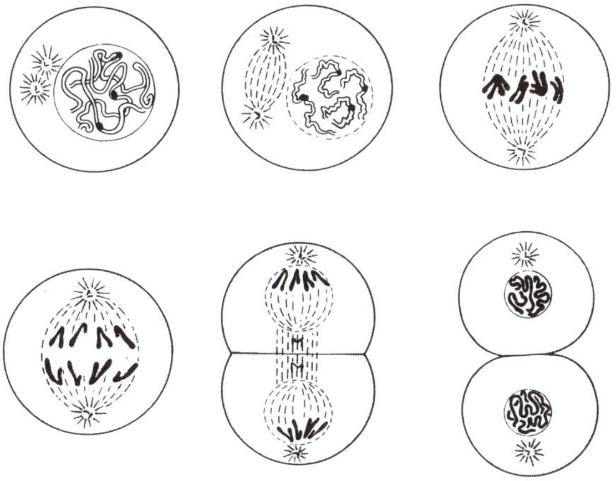

Schema der normalen Zellteilung (Mitose)

Die Geschlechtszellen (Eizelle und Samenzelle) enthalten nur den einfachen Chromosomensatz. Bei der Befruchtung verschmelzen Eizelle und Samenzelle, die befruchtete Eizelle enthält dann wieder den doppelten Chromosomensatz. So stammt die Hälfte der Erbanlagen vom Vater, die andere Hälfte von der Mutter des Tieres. Jede Zelle enthält den Bauplan für das ganze Tier.

5.1.1 Veränderung der Erbanlagen

Der Mensch kann die Erbanlagen eines Tieres nicht nach seinem Wunsch verändern. Durch gewisse Einflüsse können jedoch trotzdem Änderungen in den Erbanlagen auftreten. Eine solche Veränderung nennt man Mutation. Mutationen wirken meist ungünstig. Nur in seltenen Fällen bringen Mutationen Vorteile (Züchtung).

Die Wirkung mancher Mutationen ist so stark, dass die Tiere nicht lebensfähig sind (Letalfaktoren). Solche sind z. B. beim Rind: Bulldogkälber, haarlose Kälber, beim Schwein: Afterverschluss. Andere Mutationen bewirken eine Behinderung der Tiere (Erbfehler). Solche sind beim Rind: Unterkieferverkürzung, steiles Hinterbein, erbliche Rachitis, Einhodigkeit beim Stier Muskelatrophie, Zwergwuchs usw. Beim Schwein: Gaumenspalten, Hodenbruch usw.

Tiere mit Erbfehlern dürfen nicht zur Zucht verwendet werden!

Mutationen können auch durch radioaktive Strahlen und Chemikalien ausgelöst werden.

5.1.2 Wirkung der Umwelt

Die ererbten Leistungsanlagen können nur in einer entsprechenden Umwelt zur Entfaltung gebracht werden. Die tatsächliche Leistungsveranlagung eines Tieres zeigt sich erst bei guter Fütterung, Haltung und Pflege. Die besten Erbanlagen nützen nichts, wenn schlecht gefüttert wird oder wenn sich die Tiere nicht wohl fühlen.

Leistung = Erbanlagen + Umwelt

5.2 Zuchtziel und Zuchtwahl

5.2.1 Das Zuchtziel

Das Zuchtziel wird von den Züchterorganisationen festgelegt und in Leistungszahlen ausgedrückt: Milchleistung, Fettleistung, Zuwachsleistung, Ferkelzahl, Futterverwertung usw. Jeder Bauer sollte darüber hinaus noch sein eigenes Zuchtziel haben.

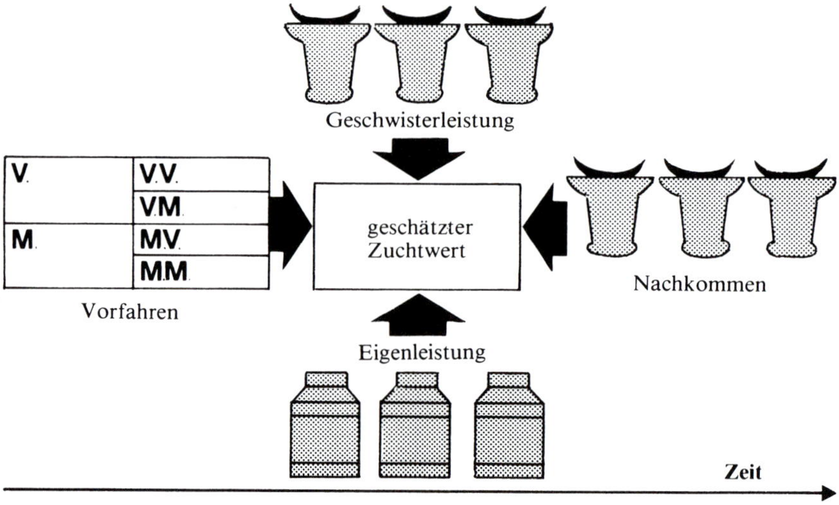

Wege zur Erreichung des Zuchtzieles sind:

- Auswahl geeigneter Tiere für die Zucht (Selektion)
- Leistungsprüfungen
- gezielte Paarung mit wertvollen Vatertieren

5.2.2 Die Zuchtwahl (Selektion)

Man versteht darunter die Auswahl der Tiere für die Zucht und das Ausmerzen der schlechteren Tiere. Die Zuchtwahl ist die wichtigste, zugleich aber auch die schwierigste Aufgabe in der praktischen Zucht. Sie erfordert viel Erfahrung und züchterischen Weitblick. Die Leistung steht im Mittelpunkt der modernen Zucht. Vorfahrensleistungen, Eigenleistungen, Geschwister- und Nachkommensleistungen geben uns die Möglichkeit, die Leistungsveranlagung der Tiere zu schätzen (Zuchtwertschätzung).

Die Abstammung (Vorfahrensleistung) liefert Hinweise für die Zuchtwahl. Eigenleistungsergebnisse ermöglichen eine genauere Schätzung. Besonders gut kann der Zuchtwert der Vatertiere durch eine Nachkommensprüfung geschätzt werden. Daher ist der Einsatz geprüfter Vatertiere für den Zuchterfolg besonders bedeutsam.

5.3 Zuchtmethoden

5.3.1 Reinzucht

Darunter versteht man die Paarung von Tieren der gleichen Rasse. In der Reinzucht gibt es folgende Möglichkeiten:

Inzucht

Paarung verwandter Tiere. Durch Inzucht treten oft Erbfehler zu Tage. Es kann auch zu einem Leistungsrückgang kommen.

Fremdzucht

Paarung nicht verwandter Tiere der gleichen Rasse. Sie ist mit dem geringsten Risiko verbunden und wird am meisten angewendet.

5.3.2 Kreuzungszucht

Paarung von Tieren verschiedener Rassen. Kreuzungen werden durchgeführt, um erwünschte Eigenschaften verschiedener Rassen zu vereinigen (Kombinationskreuzung z. B. Braunvieh × Brownswiss).

Oft werden Gebrauchstiere für die Nutzung gewonnen (Gebrauchskreuzung). Diese Tiere sind nicht für eine Weiterzucht vorgesehen. Zum Beispiel: Fleckvieh × Limousin, Edelschweinsau × Pietraineber.

5.3.3 Hybridzucht

Kreuzung von ingezüchteten und geprüften Tieren. Hybriden bringen besonders gute Leistungen (Heterosiseffekt). Die Hybridzucht ist sehr kostspielig. Sie wird besonders in der Geflügelzucht und in geringerem Maß bei Schweinen angewendet. Eine Weiterzucht mit Hybriden ist nicht möglich (Leistungsabsturz).

6 Rinderhaltung

6.1 Formen der Rinderhaltung

Im Zuge der Spezialisierung haben sich bestimmte Betriebsformen herausgebildet.

Kombinierte Betriebsformen:	Spezialisierte Betriebsformen:
• Zuchtrinderproduktion mit Milchwirtschaft • Milchwirtschaft mit eigener Nachzucht • Milchwirtschaft kombiniert mit Rindermast • Milchwirtschaft mit Einstellerproduktion	• Spezialisierte Rindermast • Kalbinnenaufzucht • Reine Milchwirtschaftsbetriebe • Kälbermastbetriebe • Mutter- und Ammenkuhhaltung

Die geeignetste Betriebsform hängt ab vom Produktionsgebiet, von den Betriebsverhältnissen (Lage und Größe, Arbeitskräfte) und von den Neigungen des Betriebsleiters.

6.2 Rinderzucht

Unsere Hausrinder stammen vom Auerochsen (Ur) ab, der in Indien beheimatet war. Bereits 7000 Jahre v. Chr. wurden Rinder als Haustiere gehalten. Die organisierte Züchtung (Zuchtgesetze, Zuchtverbände) geht in Österreich auf die 2. Hälfte des vorigen Jahrhunderts zurück.

6.2.1 Wichtige Rinderrassen in Österreich

Lernziele
Die wichtigsten Rinderrassen in Österreich nennen
Die Nutzungsrichtungen der Rinderrassen erklären

Fleckvieh (FV)

Fleckvieh stammt aus der Westschweiz („Simmentaler") und ist in Österreich am meisten verbreitet, mit Ausnahme der Bundesländer Salzburg, Tirol und Vorarlberg bildet das Fleckvieh in allen Bundesländern den Hauptanteil am Viehbestand.

Rassenmerkmale: Lichtgelb bis dunkel-rotbraun gefleckt, weißer Kopf, weißer Unterbauch und weiße Füße. Flotzmaul und Hörner hell.

Nutzungsrichtung: Das Fleckvieh ist die bedeutendste Kombinationsrasse der Welt (Milch, Fleisch).

Holstein Frisian (HF; Schwarzbunte)

Weltrinderrasse, die aus den Niederungen Nordeuropas stammt und in den USA und Kanada zu einer reinen Milchrasse gezüchtet wurde. Schwarzbunte sind bei uns vorwiegend in den Bundesländern Kärnten und Oberösterreich, zum Teil auch in anderen Bundesländern vertreten. Der Anteil in Österreich ist steigend.

Rassenmerkmale: Grundfarbe schwarz mit weißen Flecken, schwarzer Kopf, Flotzmaul und Hornspitzen dunkel.

Nutzungsrichtung: Milchrasse.

Red Holstein Frisian (RHF)

ist eine rotbunte Variante der Schwarzbunten. Sie wird vorwiegend für Einkreuzungen in Fleckvieh verwendet, um Milchleistung und Euteranlagen zu verbessern.

Fleckvieh (Rassenanteil: ...%)

Braunvieh (Rassenanteil: ...%)

Pinzgauer (Rassenanteil: ...%)

Grauvieh (Rassenanteil: ...%)

Schwarzbunte (Rassenanteil: ...%)

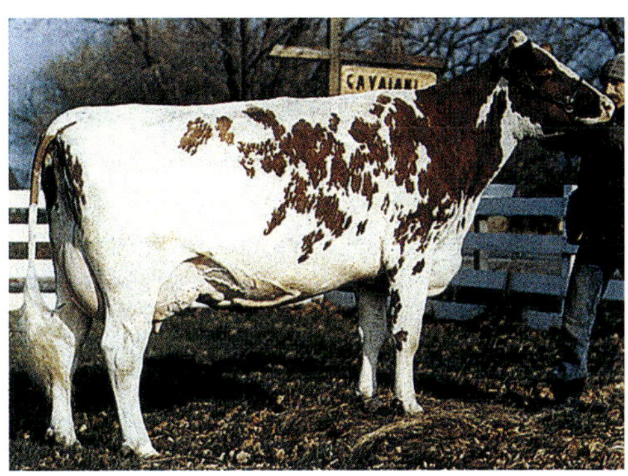

Red Holstein Frisian (Rassenanteil: ...%)

Braunvieh (BV)

Braunvieh wurde in der Ostschweiz, in Vorarlberg und im Allgäu gezüchtet. In Österreich ist es besonders in den Bundesländern Tirol und Vorarlberg verbreitet. Seit einiger Zeit wird Braunvieh aus Amerika (Brown Swiss) eingekreuzt, um Rahmen, Milchleistung und Euterform zu verbessern.

Rassenmerkmale: einfärbig graubraun bis dunkelbraun; Flotzmaul, Hornspitzen und Klauen dunkel.

Nutzungsrichtung: milchbetonte Kombinationsrasse.

Pinzgauer (P)

Pinzgauer sind 200 km im Umkreis vom Großglockner heimisch und bilden dort noch den Hauptanteil am Rinderbestand. Pinzgauer Rinder weisen eine große Vergerbungssicherheit hinsichtlich Farbe und Zeichnung auf. Wegen ihrer guten Anpassungsfähigkeit wurden die Pinzgauer Rinder auch nach Afrika exportiert.

Rassenmerkmale: Kastanienbraun mit einem weißen Streifen vom Widerrist beginnend über Rücken, Kreuz und Bauch bis zur Vorbrust.

Nutzungsrichtung: Kombinationsrasse.

Grauvieh (GV)

Das Grauvieh ist in den Seitentälern Westösterreichs bodenständig und kann sich dort wegen seiner hervorragenden Milchleistung bis heute halten. Es ist heute besonders im Oberinntal (Imst) anzutreffen.

Rassenmerkmale: kleines Rind, einfärbig hellgrau, oft dunkel schattiert („angeraucht"). Flotzmaul und Hörner sind dunkel.

Nutzungsrichtung: Milchrasse.

6.2.2 Leistungsprüfungen

Lernziele

Die verschiedenen Leistungsprüfungen nennen
Die Vorteile der einzelnen Leistungsprüfungen aufzählen
Die Ergebnisse der Leistungsprüfungen lesen und beurteilen

Die Milchleistungsprüfung (MLP)

Aufgaben

- Ermittlung der Leistung der einzelnen Kühe
- Grundlage für die Züchtung (Auslesezüchtung)
- Voraussetzung für den Zuchtviehverkauf
- Grundlage für eine richtige Fütterung (Einsatz des Leistungsfutters)

Durchführung

Die Milchleistungskontrolle ist für Zuchtbetriebe verpflichtend. Nichtzüchter können freiwillig beitreten. Die Prüfung erfolgt durch Kontrollorgane. Alle Tiere werden durch Lebensnummer (Ohrmarken) gekennzeichnet.

Der Kontrollzeitraum (Zeit von der Kontrolle bis zur nächsten Kontrolle) dauert zirka 30 bis 40 Tage. Das Kontrolljahr beginnt am 1. Oktober und endet am 30. September. Bei der Kontrolle wird die Milchmenge jeder Kuh gewogen und eine Probe für die Ermittlung des Fett-, Eiweiß-, Zell- und Harnstoffgehaltes der Milch entnommen. Die Ergebnisse werden mittels EDV ausgewertet. Nach jeder Kontrolle erhält der Landwirt einen Tagesbericht, der über die Ergebnisse der letzten Probemelkung Auskunft gibt. Der Quartalsbericht wird vierteljährlich nach Berechnung der Zuchtwertschätzergebnisse zugesandt. Am Ende des Kontrolljahres erhält der Landwirt einen Jahresbericht.

Wichtige Maßstäbe für die Milchleistung

- Gesamtlaktation: Dient für die Ermittlung der Lebensleistung = Milchmenge vom Tag nach dem Abkalben bis zum Trockenstellen.
- Standardlaktation (= 305-Tage-Leistung: sie wird als Leistungsnachweis verwendet.
- Laktationsdurchschnitt = Durchschnittsleistung aus mehreren Standardlaktationen. Er wird in Katalogen und in Abstammungsnachweisen angegeben.

  z. B. 7/6 – 7669 – 4,77 – 3,57 – 556

  Erklärung:

7	=	Abkalbungen
6	=	Laktation
7669	=	Milch-kg
4,77	=	Fett %
3,57	=	Eiweiß -%
640	=	Fett-kg + Eiweiß-kg

- Höchstleistung (HL) = jene Laktation, in der die Kuh die höchste Menge an Fett-kg und Eiweiß-kg erreicht hat, z. B. 6.8190 – 4,53 – 3,53 – 660
- Stalldurchschnittsleistung: z. B. 9,8 – 5424 – 3,76 – 204 – 3 – 162

Die Melkbarkeitsprüfung

Bei Erstlingkühen führt ein Kontrollorgan die Prüfung mittels der Betriebsmelkmaschine und einer Stoppuhr durch (während der 1. oder 2. Leistungskontrolle).

Ergebnis ist das durchschnittliche Minutengemelk (DMG).

Die Stiermütter werden mittels Lactocorder geprüft.

Zuchtleistungsprüfung

Erfassung sämtlicher Zuchtdaten:

- Belegdatum
- Trächtigkeitsdauer
- Kälberzahl
- Serviceperiode
- Zwischenkalbezeit
- Non-Return-Rate usw.

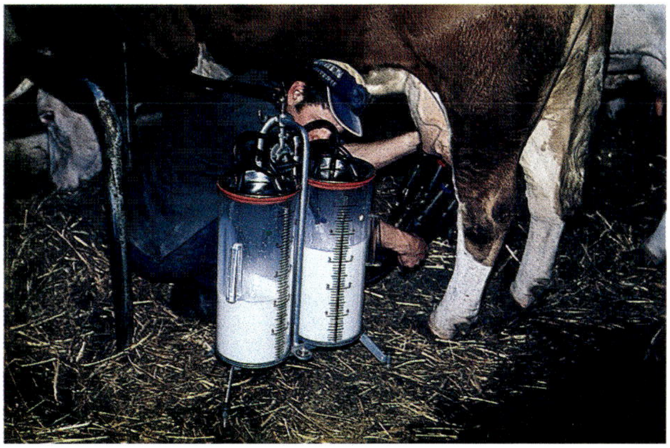

Fleischleistungsprüfung

Da Fleisch ein wichtiges Produkt aus der Rinderhaltung darstellt, muss die Fleischleistung im Zuchtziel besonders beachtet werden. Die Daten stammen von Zuchtviehversteigerungen, von Mastbetrieben und von Schlachthöfen.

Ergebnisse: Ø-Tageszunahmen in g = Mastleistung
Fleischanteil in % oder Ausschlacht-% = Schlachtleistung

Lernziele
Die Aufgaben der Zuchtverbände erläutern

6.2.3 Die Zuchtverbände und ihre Aufgaben

Eine wichtige Aufgabe bei der Förderung der Tierzucht fällt den Zuchtverbänden zu. Es handelt sich dabei um den Zusammenschluss der Züchter auf genossenschaftlicher Basis (Zuchtgenossenschaften, Zuchtverbände).

Zuchtverbände sind zuständig für:

- Durchführung der Zuchtprogramme
- Beratung und Betreuung der Züchter
- Führung der Zuchtbücher
- Durchführung von Absatzveranstaltungen (Zuchtviehversteigerungen)

Jeder Landwirt kann Mitglied des Zuchtverbandes werden, wenn die notwendigen Voraussetzungen (Interesse, Haltungsbedingungen der Tiere usw.) gegeben sind und wenn er sich den Leistungsprüfungen anschließt.

Lernziele
Die Voraussetzungen für die Bewertung von Zuchtstieren nennen
Gewährleistungsbestimmungen beim Ankauf von Zuchtstieren nennen
Die Zuchtwertklassen und ihre Bedeutung angeben

Die Körung von Zuchtstieren

Die Bewertungskommission beurteilt die Stiere und stuft sie in Bewertungsklassen ein.

I a,	I b	=	für Besamungsstiere
II a,	II b	=	herdbuchfähig (für Zuchtbetriebe)
III a,	III b	=	nur für die Landeszucht geeignet

Gewährleistung beim Ankauf eines Zuchtstieres

Der Verkäufer garantiert, dass der Stier zuchttauglich ist. Mängel sind innerhalb der Gewährleistungsfristen an den Verkäufer zu melden.

Die Fristen betragen:

bei Deckunfähigkeit	6 Wochen
bei Befruchtungsunfähigkeit	4 Monate

Vatertierhaltung

Die Gemeinden haben die Verpflichtung, für eine geordnete Vatertierhaltung zu sorgen.

Künstliche Besamung

Zur Durchführung der künstlichen Besamung sind nur Tierärzte und Besamungstechniker (Ausbildungskurs) und Eigenbestandsbesamer berechtigt.

Die Tierärzte und Besamungstechniker sind verpflichtet, Aufzeichnungen über die künstliche Besamung zu führen, von denen jeweils eine Durchschrift dem Halter des weiblichen Tieres auszufolgen ist.

Vorteile:

- Es ist kein eigener Stier notwendig
- Man kann den für die Kuh am besten geeigneten Stier aussuchen
- Beste Vatertiere bekommen mehr Nachkommen
- Man sieht, was der Stier vererbt hat (Nachkommenprüfung)
- Bekämpfung von Deckseuchen

Embryotransfer (MOET)

Übertragung (Transfer) von befruchteten Eizellen (Embryonen) eines Spendertieres auf Empfängertiere. Dieser wird durchgeführt, um von wertvollen Zuchttieren mehr Nachkommen zu erhalten. Wertvolle Spendertiere produzieren durch eine hormonelle Behandlung mehrere Eizellen. Einige Tage nach der Befruchtung der Eizellen werden diese durch Ausschwemmung gewonnen und weniger wertvollen Empfängertieren eingesetzt.

Die Bewertung weiblicher Rinder

Weibliche Rinder werden vor der Zuchtviehversteigerung von einer Bewertungskommission in Bewertungsklassen (= Preisklassen) eingestuft. Je nach Qualität der Tiere sind folgende Bewertungsklassen möglich: I a, I b, II a, II b, III a, III b.

Gewährleistungen beim Ankauf weiblicher Rinder

- Der Verkäufer haftet für diese Trächtigkeit, für den angegebenen Belegzeitpunkt und den angegebenen Belegstier.
- Er haftet ferner für eine bestimmte Mindesteinsatzleistung je nach Bewertungsklasse.
- Er garantiert eine normale Euteranlage.

Genauere Angaben über Körungs- und Bewertungserfordernisse sowie Gewährleistungsbestimmungen sind in den Versteigerungskatalogen zu finden.

6.2.4 Die Zuchtbenutzung der Rinder

Lernziele
Die Brunstanzeichen nennen können
Den günstigsten Belegzeitpunkt nennen können
Die Vorteile der künstlichen Besamung aufzählen

Brunst und Brunstbeobachtung

Brunst = Begattungsbereitschaft des weiblichen Tieres.

Sie tritt beim Rind in einem Alter von 9 bis 10 Monaten (Geschlechtsreife) zum ersten Mal auf.

Optimaler Besammungszeitpunkt bei Kühen

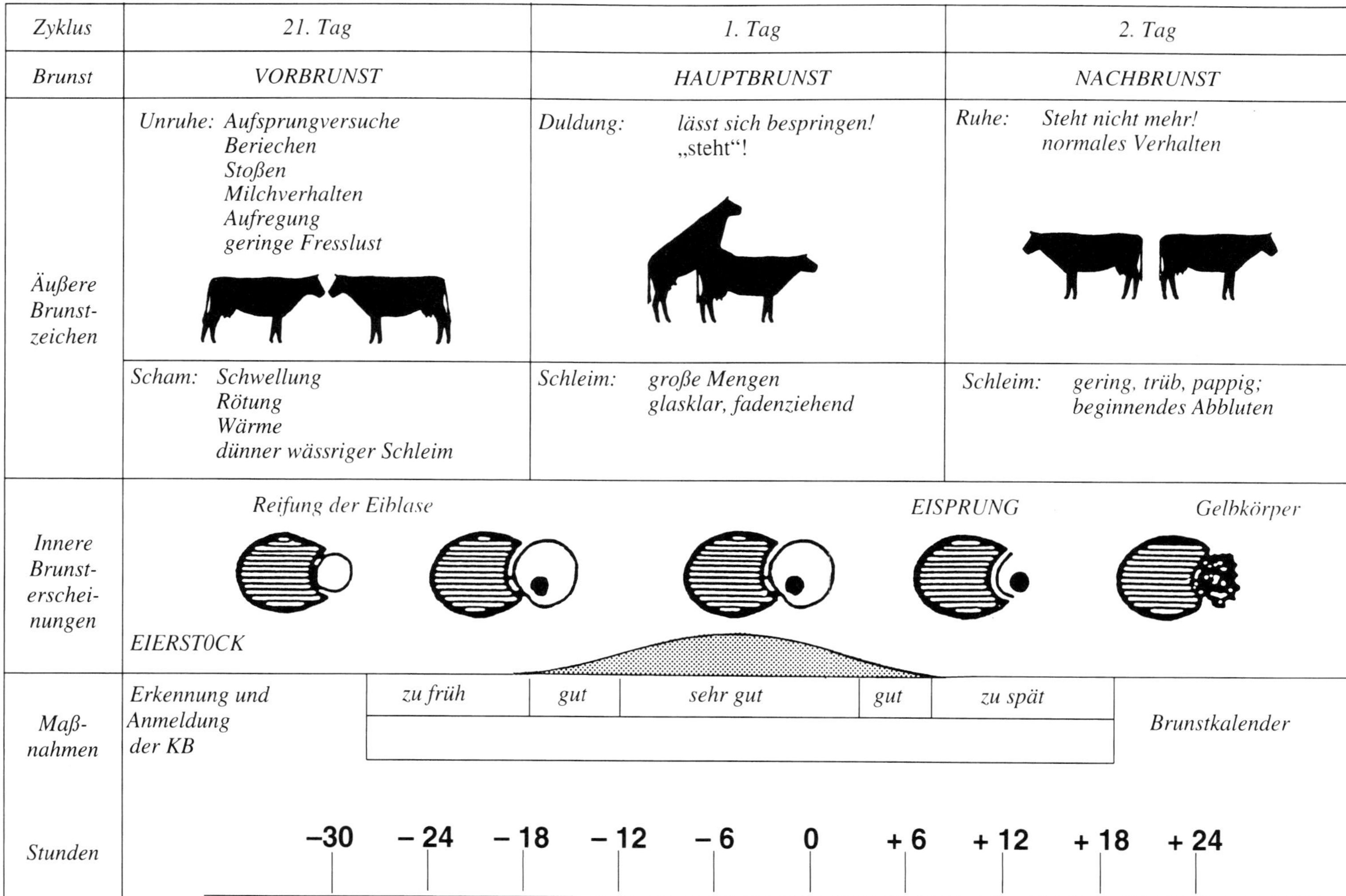

Die Zuchtreife tritt mit zirka 17 bis 19 Lebensmonaten ein (Gewicht zirka 400 bis 430 kg), ungefähr 2/3 des Kuhendgewichtes.

Abschnitte

- Vorbrunst
- Hauptbrunst
- Nachbrunst

Die Hauptbrunst dauert im Durchschnitt 24 Stunden (6 bis 48 Stunden).

Brunstzyklus

Der Abstand von Brunst zu Brunst beträgt normal 19 bis 21 Tage. Er soll regelmäßig sein. Brunsterscheinungen in unregelmäßigen Abständen sind krankhaft (tierärztliche Behandlung).

Brunstbeobachtung

Eine gute Brunstbeobachtung ist eine wichtige Voraussetzung für eine gute Fruchtbarkeit der Rinder.

Das Blutschleimen zeigt an, dass die Kuh vor 2 bis 3 Tagen brünstig war.

Besonders wichtig ist die Führung eines Brunstkalenders.

Richtige Führung des Brunstkalenders

	Januar	Januar/Februar	Februar/März
Sonntag	1	22	12
Montag	2 Alma +++ 15	23 Alma besamt	13 Alma aufpassen
Dienstag	3	24	14
Mittwoch	4	25	15 Vera aufpassen
Donnerstag	5	26	16
Freitag	6	27	17
Samstag	7	28 Vera 0	18
Sonntag	8	29	19

+++ = starke, deutliche Brunst, eindeutige Brunstsymptome sofort erkennbar

++ = weniger deutliche Brunst

+ = schwache, undeutliche Brunst, auch bei genauer Beobachtung keine eindeutigen Symptome erkennbar

0 = Abgang von Blut

Belegung und Besamung

Die erste Brunst nach der Abkalbung tritt meist innerhalb von 2 bis 5 Wochen auf. Sie ist für die Belegung nicht geeignet. Die Belegung sollte erst ab der 6. Woche nach der Abkalbung erfolgen. Der günstigste Belegzeitpunkt liegt in der 2. Hälfte der Brunst.

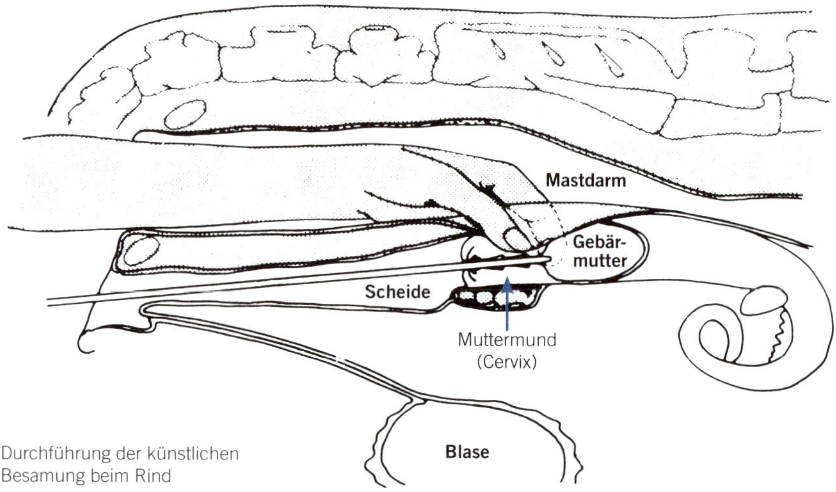

Durchführung der künstlichen
Besamung beim Rind

Trächtigkeit

Lernziele

Die Trächtigkeitsanzeichen aufzählen können
Den voraussichtlichen Geburtstermin berechnen können
Die Anzeichen der bevorstehenden Geburt nennen
Die Vorbereitung für die Geburt treffen können
Die Versorgung von Kalb und Kuh nach der Geburt durchführen können

Trächtigkeitsanzeichen

- Progesterontest (am 20. Tag nach der Belegung)
- Ausbleiben der Brunst (kein sicheres Zeichen)
- Trächtigkeitsuntersuchung (6. bis 12. Trächtigkeitswoche) durch den Tierarzt
- Rückgang der Milchleistung
- Zunahme an Leibesumfang
- Vergrößerung des Euters bei Kalbinnen
- Ab dem 6. Trächtigkeitsmonat sind Bewegungen des Kalbes in der rechten Flanke der Kuh spürbar

Trächtigkeitsdauer

Zirka 285 Tage (Schwankungen von 272 bis 306 Tage sind möglich)

(Stierkälber um 1 bis 2 Tage länger, Zwillinge kürzer)

Berechnung des Geburtstermins:

Geburtstermin = Belegdatum + 9 Monate + 10 Tage

Behandlung der trächtigen Kuh

- Viel Bewegung im Freien (Weide oder Auslauf) ermöglichen
- Auf richtige Nährstoff- und Mineralstoffversorgung achten (Laktationsverlauf beachten, hochträchtige Tiere nicht übermäßig füttern, damit sie nicht verfetten)
- Rechtzeitig trockenstellen
- Richtige Vorbereitungsfütterung durchführen

Geburt und Geburtshilfe

Anzeichen der bevorstehenden Geburt:

- Anschwellen und Rötung der Scham
- Einfallen der Beckenbänder, elastisches Schwanzende
- Absonderung von zähem, glasigem Schleim
- Sinken der Körpertemperatur um zirka 1/2 Grad Celsius
- Unruhe unmittelbar vor der Geburt
- Einschießen der Milch

Vorbereitungen für die Geburt

- Kälberbox reinigen und desinfizieren
- Die Tiere ausreichend mit Einstreu versorgen
- Bereitstellen von einem Eimer mit warmer Desinfektionslösung (Lysoform usw.) zum Reinigen der Scham,
- Saubere, ausgekochte Geburtsbänder mit Zughölzern vorbereiten,
- Jodtinktur oder Holzteer zur Nabeldesinfektion,
- Seife und Warmwasser zum Reinigen der Hände des Geburtshelfers,
- mechanische Geburtshilfegeräte (solche haben sich bewährt, wenn damit vorsichtig gearbeitet wird).

Geburtshilfe

Die Eröffnungswehen leiten die Geburt ein. Dabei werden die Geburtswege erweitert und die Frucht in die richtige Lage gebracht. Platzen der Fruchtblase. Durch die Austreibungswehen wird das Kalb geboren (eventuell Geburtshilfe leisten). Die Nachwehen nach der Geburt führen zum Abgang der Nachgeburt.

Verhalten des Geburtshelfers

- Sauberkeit
- Ruhe bewahren
- Nicht zu früh mit der Geburtshilfe beginnen
- Den natürlichen Geburtsvorgang unterstützen
- Mechanische Geburtshelfer mit Vorsicht einsetzen

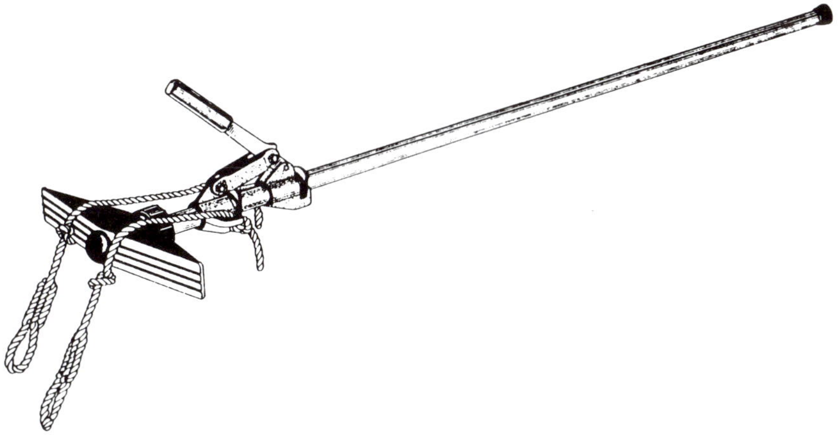

„Der Geburtshelfer" hat sich bei schwierigen Geburten gut bewährt.

Versorgung des Kalbes nach der Geburt

- Schleim aus Maul und Nase entfernen.
- Atemtätigkeit fördern (kaltes Wasser über den Kopf schütten, Hochheben der Hinterbeine und Ruderbewegungen mit den Vorderbeinen, eventuell künstliche Beatmung mit der Beatmungspumpe vornehmen).
- Nabel versorgen. Meist löst sich die Nabelschnur von selbst ab. Wenn nicht, reißt man sie nicht zu kurz ab. Anschließend streift man die Blutreste aus dem Nabel und desinfiziert ihn mit Jodtinktur oder Holzteer. Durch einen schlecht desinfizierten Nabel können Erreger der Kälberlähme und andere Krankheitserreger eindringen.
- Das Kalb mit Stroh trockenreiben und in eine saubere Kälberbox bringen.
- Die erste Biestmilchgabe innerhalb der ersten drei Lebensstunden verabreichen (Immunstoffe).

Normale Lagen

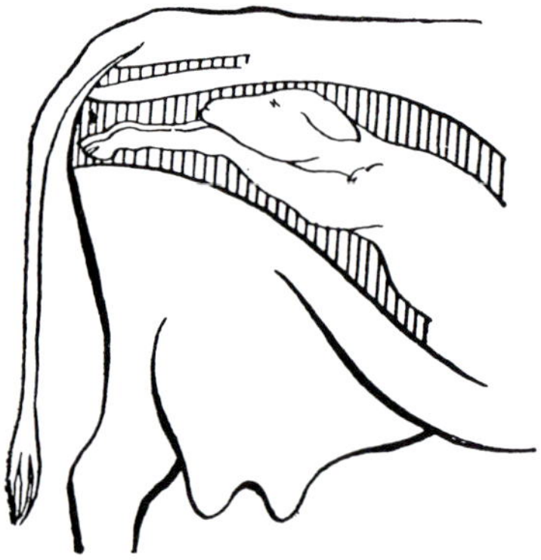

Vorderendlage in oberer Stellung (normal)

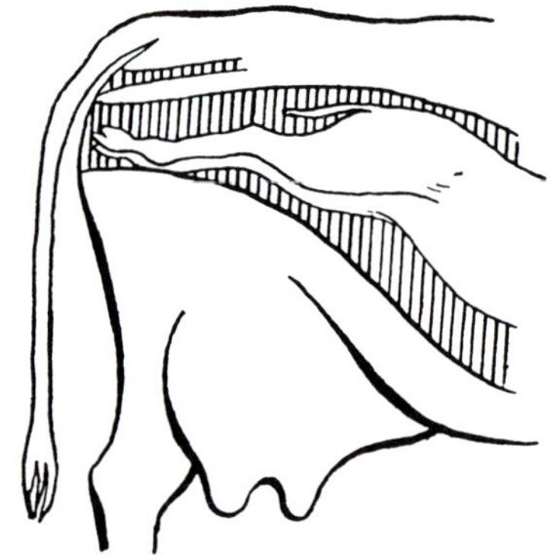

Hinterendlage in oberer Stellung (normal)

Fehllagen

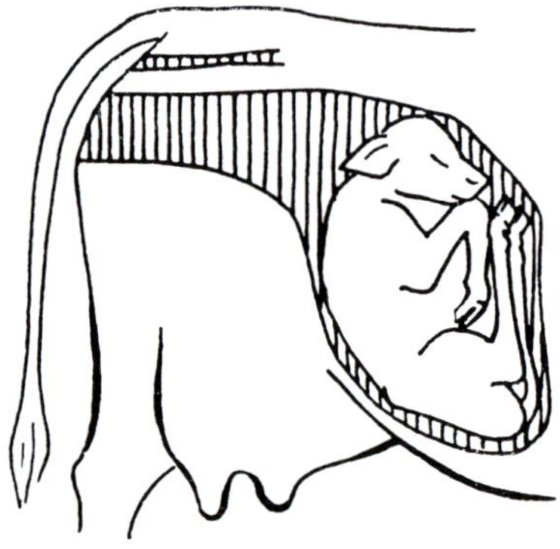

Senkrechte Rückenlage

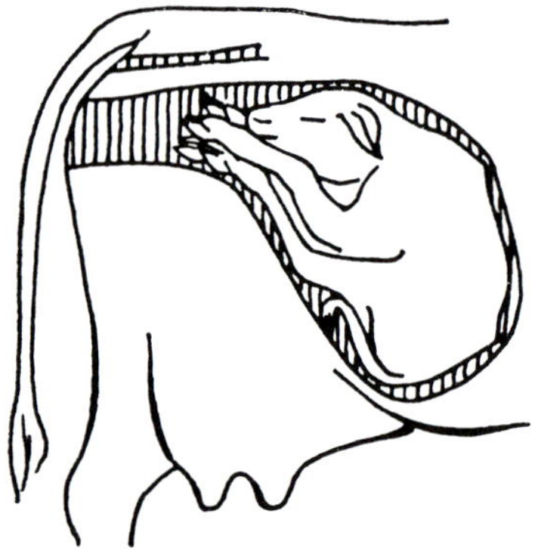

Senkrechte Bauchlage

Behandlung der Kuh nach der Geburt

- Kleietrank oder frisches Wasser verabreichen.
- Bei starken Nachwehen die Kuh öfters auftreiben (Gefahr von Tragsackvorfall).
- Auf Nachgeburt achten. Die Nachgeburt geht meist innerhalb von drei bis acht Stunden ab. Ist sie nach zwölf Stunden noch nicht da, Tierarzt verständigen.
- Während der ersten Melkzeiten nur so viel melken, als das Kalb benötigt (Milchfieber).
- Mit der Kraftfuttergabe langsam beginnen und sie innerhalb von 1 bis 2 Wochen auf die für die Leistung nötige Menge steigern.
- Sind durch die Geburt Verletzungen (Scheideneinrisse usw.) entstanden, ist eine Behandlung notwendig. Es kommt durch Verletzungen leicht zu Infektionen der Geburtswege, die oft Ursache von Fruchtbarkeitsstörungen sind.

6.3 Kälberaufzucht

Lernziele
Die Aufzuchtgrundsätze nennen
Die Durchführung der Frühentwöhnung erklären
Die Gewichtsentwicklung der Kälber bis zur 12. Lebenswoche nennen

Ziel einer richtigen Kälberaufzucht sind gesunde, leistungsfähige Zucht- und Mastrinder mit einem guten Futteraufnahmevermögen.

6.3.1 Allgemeine Aufzuchtgrundsätze

Kälber sollten schon während der ersten 2 bis 3 Lebensstunden Biestmilch erhalten. Diese enthält Abwehrstoffe gegen Krankheiten, löst das Darmpech und liefert reichlich Nährstoffe. Biestmilch (= Milch des Muttertieres während der ersten Woche nach der Geburt) enthält doppelt so viel TS, fünfmal so viel Eiweiß und doppelt so viel Mineralstoffe wie Normalmilch.

Während der ersten drei Lebenstage soll täglich dreimal getränkt werden. Später genügt zweimaliges Tränken.

Das Kalb soll so bald als möglich an die Aufnahme fester Futterstoffe (Kraftfutter, Heu) gewöhnt werden. Je früher dies der Fall ist, desto besser entwickelt sich der Pansen und damit das spätere Futteraufnahmevermögen. Ab der zweiten Lebenswoche kann die Muttermilch durch Milchaustauscher ersetzt werden (Milchaustauscher: Trockenmagermilch + Fettzusätze + Wirkstoffe).

Nach dem neuen Tierschutzgesetz dürfen Kälber nicht angehängt werden. Sie sind in Kälberboxen oder Kälberiglus mit genügend Bewegungsfreiheit zu halten. Es darf ihnen auch kein Maulkorb angelegt werden. Über zwei Wochen alte Kälber müssen Zugang zu Frischwasser haben.

Besonders wichtig ist die richtige Fütterungstechnik. Dabei sind zu beachten:

- Richtiger Trockenmassegehalt der Tränke (100–125 g/Liter Wasser)
- Vorgeschriebene Lösungstemperatur einhalten (ca. 60° C)
- Richtige Tränketemperatur einhalten (38–40° C)
- Tränkemenge und Tränkezeiten einhalten (max. 10 Liter)
- Tränkegefäße und Kraftfutterbehälter täglich reinigen.

Sollte Überschussmilch verwertet werden, nicht die Tränkemenge erhöhen, sondern die Tränkeperiode auf 12 bis 14 Wochen ausdehnen.

6.3.2 Frühentwöhnungsmethode

Die Frühentwöhnungsmethode wird heute allgemein empfohlen und hat folgende Vorteile:

- Verbilligung der Aufzucht
- Gute Pansenentwicklung
- Geringeres Aufzuchtrisiko
- Höherer Futterverzehr

Praktische Durchführung

Ab der 2. Lebenswoche erhalten die Kälber neben der Tränke Kraftfutter (Kälberstarter). Das Kälberkraftfutter wird anfangs in kleinen Mengen und immer frisch vorgelegt. Später wird es zur beliebigen Aufnahme angeboten. Es kann als Fertigfutter zugekauft oder auch selbst gemischt werden.

Wenn die Kälber 1 bis 1,5 kg Kälberkraftfutter täglich aufnehmen, kann die Tränkegabe eingestellt werden. Dies ist frühestens mit einem Alter von 8 Wochen der Fall. Ab der 12. Woche kann das Kälberkraftfutter durch ein Jungviehkraftfutter ersetzt werden. Eine langsame Übergangsfütterung von einer Woche ist dabei notwendig.

Durchschnittliche Gewichtsentwicklung bis zur 12. Woche:

Kuhkälber 120 bis 150 kg

Stierkälber 140 bis 175 kg

Aufzuchtplan für Kälber

Woche	Vollmilch l	Austauscher l	Austauscher g/l	Kälberstarter kg	K-Aufzuchtfutter Heu	Silage	Wasser
1.	3–6						
2.		7–8	100-125	•	•		
3.		7–8					•
4.		7–8					
5.		7–8					
6.		5–7				•	
7.		5–7					
8.		4–6		1,0			
9.		4–5					
10.		3					
11.		2		2,0	↓		
12.		2		1,0	1,0	↓	↓

An Stelle des Austauschers kann auch Vollmilch verfüttert werden.

6.3.3 Späte Entwöhnung

Wird aus dem Grunde eines zu geringen Milchkontingentes mehr Vollmilch an die Kälber verfüttert, so sollen nicht die täglichen Tränkegaben erhöht werden, sondern nur die Dauer der Tränkegaben ausgedehnt werden (Tränkegaben bis zur 12 - 14. Woche).

6.4 Aufzucht des weiblichen Jungviehs

Lernziele
Die allgemeinen Aufzuchtgrundsätze nennen
Die Fütterung der Jungrinder erklären

6.4.1 Allgemeine Grundsätze

Die Fütterung soll eine normale Entwicklung gewährleisten. Bewegung (Weide oder Auslauf) wirkt sich günstig auf die Entwicklung aus.

6.4.2 Fütterung im ersten Lebensjahr (4. bis 12. Lebensmonat)

Grundfutter: Das Grundfutter soll von bester Qualität sein.

Sommer: Weide, Grünfutter.

Winter: Silagen (Maissilage auf 3–5 kg begrenzen)
Gutes Heu (mindestens 1,5 kg)

Kraftfutter: Bis zu einem Alter von zirka zehn Monaten ist Beifütterung von täglich 1,0 bis 1,5 kg Kraftfutter notwendig. Dann wird die Kraftfuttergabe langsam reduziert und mit etwa einem Jahr eingestellt.

Mineralfutter: Zur Deckung des Mineralstoffbedarfs 2 dag vitaminierte Mineralstoffmischung je 100 kg Lebendgewicht zufüttern.

6.4.3 Fütterung vom 13. Lebensmonat bis zwei Monate vor dem Abkalben

Grundfutter: Zur Bedarfsdeckung reicht meist Grundfutter mittlerer Qualität.

Kalbinnen dürfen nicht verfetten, daher Vorsicht bei Verfütterung von Maissilage.

Kraftfutter: Eine Kraftfuttergabe ist nur bei Grundfutter mit geringem Nährstoffgehalt notwendig.

Mineralfutter: 2 dag vitaminierte Mineralstoffmischung je 100 kg Lebendgewicht sichern die Mineralstoffversorgung. Die Erstbelegung findet mit einem Alter von zirka 17 bis 19 Monaten statt (Gewicht von zirka 400 bis 430 kg, je nach Rasse).

6.4.4 Fütterung während der letzten zwei Monate vor dem Abkalben

Grundfutter: Das Grundfutter soll in guter Qualität zur Verfügung stehen.

Energieüberschuss ist zu vermeiden.

Kraftfutter (zur Vorbereitungsfütterung): Während der letzten drei Wochen vor dem Geburtstermin gibt man 1 bis 2 kg Leistungskraftfutter für Milchvieh.

Mineralfutter: Als Mineralstoffergänzung werden 10 bis 15 dag vitaminierte Mineralstoffmischung pro Tag angeboten.

6.5 Milchviehfütterung

Lernziele
Die Einflüsse auf den Futterverzehr nennen
Die richtige Fütterungsreihenfolge nennen
Die Bedeutung der Trockenperiode erklären
Die Durchführung der Vorbereitungsfütterung schildern
Die Zuteilung des Kraftfutters nach Kontrollergebnissen vornehmen
Die Futtermittel für die Winterfütterung nennen
Die Bedeutung der Übergangsfütterung im Frühjahr erklären
Die Futtermittel in der Sommerfütterung nennen

6.5.1 Allgemeine Fütterungsgrundsätze

Die neue Futterbewertung und Futterberechnung bei Milchkühen:

Neue Erkenntnisse in der Verdauungsphysiologie der Rinder führten zu einer Änderung der Futterbewertung. Wiederkäuer können mit Hilfe der Pansenlebewesen hochwertiges Eiweiß aus Eiweißvorstufen, wie zum Beispiel Ammoniak und anderen Stickstoffverbindungen, aufbauen. Zusätzlich kann das von den Mikroben im Pansen nicht abgebaute Rohprotein genutzt werden. Die bisherigen Bedarfsempfehlungen nach Rohprotein haben darauf zu wenig Rücksicht genommen.

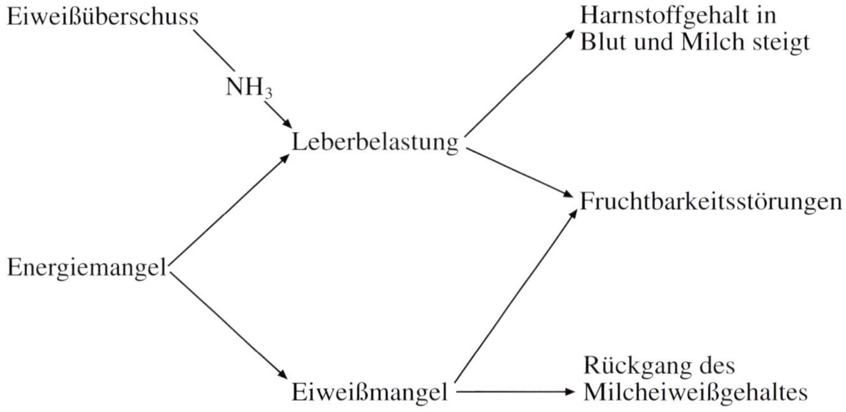

Energiemangel und Eiweißüberschuss

Wichtige Fachbegriffe und Abkürzungen:

XP = Rohprotein
UDP = Unabgebautes Futterprotein im Pansen

Je weniger Eiweiß von den Pansenbakterien abgebaut wird, desto mehr gelangt davon in den Dünndarm, wo es in Form von Aminosäuren in den Stoffwechsel gelangt. Die Abbaurate hängt von der Art der Futtermittel und ihrer Konservierung ab und liegt beim Milchvieh im Durchschnitt zwischen 70 und 85 %.

nXP = Nutzbares Rohprotein im Dünndarm
= Unabgebautes Rohprotein + Mikrobenprotein

Die Eiweißversorgung der Kühe erfolgt daher zum größten Teil über Mikrobeneiweiß. Voraussetzung für die Bildung von Mikrobeneiweiß ist eine ausreichende Energieversorgung der Kühe. Je höher die Energieversorgung, desto mehr Mikrobenprotein wird gebildet.

RNB = Stickstoffbilanz im Pansen

Dieser Wert zeigt an, ob im Pansen ein Überschuss oder ein Mangel an Stickstoff (Abbauprodukt von Eiweiß) vorliegt. Im Idealfall ist die Stickstoffbilanz ausgeglichen (RNB = 0), der anfallende Stickstoff wird durch die Pansenbakterien vollständig verwertet. Eine leicht negative Bilanz kann durch das Tier ausgeglichen werden. Ein Überschuss an Stickstoff belastet den Stoffwechsel. Durch eine gezielte Auswahl von Futtermitteln kann die Stickstoffbilanz beeinflusst werden. Deshalb wird sie auch bei der neuen Futterberechnung mit berechnet.

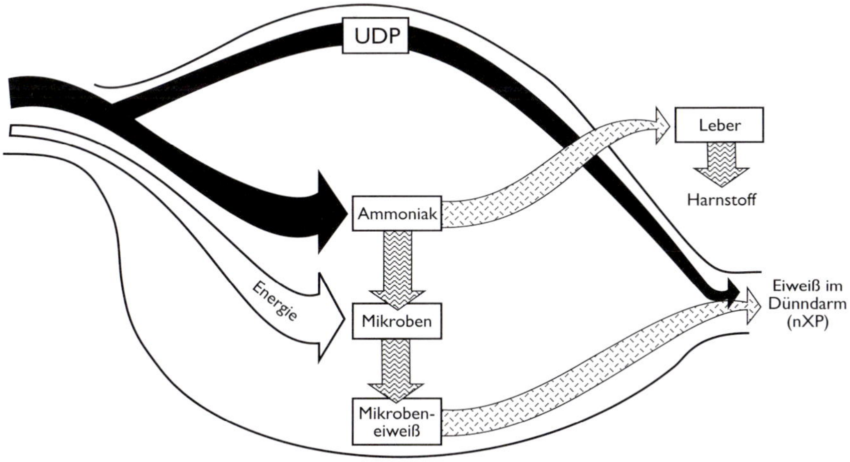

Eiweißversorgung im Pansen

Rohfaser und Futterstruktur

Milchkühe benötigen in der mit dem Futter aufgenommenen Trockensubstanz 18 bis 22% Rohfaser. Davon sollen zwei Drittel in strukturierter Form aus Raufutter und guter Anwelksilage vorhanden sein.

Genügend Rohfaser und Struktur
↓
ausreichende Speichelbildung durch Kau- und Wiederkautätigkeit
↓
optimaler pH-Wert im Pansen (etwa 6,5)
↓
günstige Bedingungen für die Kleinlebewesen im Pansen
↓
hoher Milchfettgehalt

Zu wenig Rohfaser und Struktur in der Milchviehfütterung bewirken eine geringere Futteraufnahme, Verdauungsstörungen und Leistungsrückgang.

6.5.2 Die Futteraufnahme

Milchkühe sollen viel Grundfutter aufnehmen können. Dazu sind rahmige, nach der Frühentwöhnung aufgezogene Tiere notwendig. Auch Futterqualität und Zusammensetzung der Futterration beeinflussen die Futteraufnahme.

Die Futteraufnahme hängt ab von:

- Erbanlagen
- Gewöhnung
- Aufzuchtintensität
- Gestaltung der Ration
- Körpergewicht
- Futterqualität
- Nutzungsrichtung

Durchschnittliche Futteraufnahme je Kuh und Tag:

aus Grundfutter:	2 kg TS je 100 kg Lebendgewicht (= zirka 12 bis 13 kg TS je Kuh)
aus Kraftfutter:	zusätzlich zum Grundfutter bis zu 8 kg Kraftfutter täglich (Wirtschaftlichkeit beachten!)

6.5.3 Fütterungsreihenfolge

Die Fütterungsreihenfolge hat einen bedeutenden Einfluss auf die Verdauung der Wiederkäuer.

Raufutter (Heu) Mindestens 3–5 kg	Saftfutter zur freien Aufnahme	Kraftfutter (nach Leistung)

Die Tiere sollen Raufutter (Heu) erhalten. Dies schafft günstige Voraussetzungen für die Tätigkeit der Kleinlebewesen im Pansen. Kraftfuttermengen über 2 kg sollten auf mehrere Gaben verteilt werden (bessere Aufschließung der Nährstoffe).

Keinen plötzlichen Futterwechsel vornehmen, sondern die Kühe langsam an die neue Ration gewöhnen (innerhalb einer Woche).

Der Wiederkäuer und seine Pansenlebewesen sollen sich auf das Futter einstellen können. Jeder plötzliche Futterwechsel bewirkt Verdauungsstörungen und Leistungsrückgang.

Besonders wichtig ist die Übergangsfütterung im Frühjahr.

6.5.4 Nährstoff- und Wirkstoffbedarf der Milchkühe

Der Nährstoffbedarf

Nährstoffbedarf je Kuh und Tag

für Erhaltung

bei 600 kg LG	420 g nXP	35,5	MJ NEL
bei 650 kg LG	440 g nXP	37,7	MJ NEL
bei 700 kg LG	460 g nXP	39,9	MJ NEL

für Leistung je 1 Liter Milch

mit 4,0 % Fett,	3,2 % Eiweiß	82 g nXP	3,10	MJ NEL
mit 4,0 % Fett,	3,4 % Eiweiß	86 g nXP	3,14	MJ NEL
mit 4,5 % Fett,	3,4 % Eiweiß	86 g nXP	3,33	MJ NEL

Der Mineralstoffbedarf

Kühe benötigen folgende Mineralstoffe:

Mengenelemente: Ca, P, K, Na, Mg
Spurenelemente: Cu, Zn, Mn, Co

Bei einigen Mineralstoffen ist das Verhältnis zueinander entscheidend. So soll das betragen.

Ca : P-Verhältnis .... 1,5 bis 2 : 1

K : Na-Verhältnis .... 5 bis 20 : 1

Ein falsches Mineralstoffverhältnis verursacht Gesundheitsschäden und Fruchtbarkeitsstörungen.

Die Mineralstoffversorgung erfolgt einerseits über Grund- und Kraftfutter sowie durch Beifütterung einer passenden Mineralstoffmischung.

Am besten wäre es, die Mineralstoffgabe nach einer Untersuchung des Grundfutters zu berechnen. Natrium ist im Grundfutter meistens zu wenig vorhanden. Daher ist eine Viehsalzgabe besonders wichtig (Salz, Lecksteine).

Mineralstoffe im Grundfutter	
Ca – Mg – P arm	Silomais
Ca – Mg ausreichend	Kleegras
P – arm	Wiese mit Klee
Ca – Überschuss, Mg – reich	Klee, Lihoraps
Ca – Mg – arm	Luzerne
Ca – Mg – arm	
P – ausreichend	reine Grasbestände

Der Vitaminbedarf

Um eine ausreichende Vitaminversorgung sicherzustellen, sollte im Winter eine Mineralstoffmischung mit Vitaminen eingesetzt werden. Auch zur Zeit der Belegung, der Geburt und in Stresssituationen wirkt ein Vitaminstoß günstig.

Arbeitsaufgabe
Besorge Sackanhänger von Mineralstoffmischungen für Milchkühe.

6.5.5 Fütterung der Milchkühe im Laktationsablauf

Fütterung in der Trockenstehzeit

Dauer der Trockenstehzeit: 6 bis 8 Wochen

Bedeutung der Trockenstehzeit:

- Ruhepause für das Euter
- Bereitstellung von Nährstoffen für die starke Entwicklung des Kalbes
- Reservebildung für die kommende Laktation

Richtiges Trockenstellen

- Überprüfen der Eutergesundheit (Schalmtest)
- Milchtreibende Futtermittel (Silage, Rüben usw.) weglassen
- Jedes Mal gründlich ausmelken
- Auch bei trockenstehenden Kühen das Euter regelmäßig kontrollieren.

Die Kuh soll innerhalb von vier bis fünf Tagen trockengestellt werden.

Ein Trockenstellen von einer Melkzeit zur anderen ist bei gesunden Eutern möglich.

Die Kraftfutterergänzung in der Vorbereitungsfütterung erfolgt je nach Kondition der Kuh.

Die Fütterung in der Trockenstehzeit

Trockenstellen nur Erhaltungsfutter (Heu)		Kuh steht trocken normale Grundfutterration (z. B. Heu + Silage) für 4–6 kg Milch)	Vorbereitungsfütterung Grundfutter + Kraftfutter für 7–10 kg Milch				
					1 kg	2–3 kg	
8.	7.	6.	5.	4.	3.	2.	1.

Woche Geburtstermin

Eine längere Trockenstehzeit bringt keine Vorteile, eine Verkürzung bringt Leistungseinbußen und Fruchtbarkeitsstörungen.

Leistungsbezogene Fütterung während der Laktation (Milchperiode)

Milchkühe sollen immer ihrer Leistung gemäß gefüttert werden.

Folgende Vorgangsweise ist notwendig:

- Grundfutter möglichst genau bewerten (Futteruntersuchung, Futterbeurteilung)
- Die Verzehrleistung ermitteln, Futtermengen wiegen
- Den Nährstoffgehalt der Futterration berechnen
- Wenn notwendig, einen Nährstoffausgleich mit Kraftfutter durchführen (Ausgleichskraftfutter)
- Die Milchleistung jeder Kuh ermitteln (Milchleistungskontrolle)
- Leistungskraftfutter nach Milchleistung zuteilen

Zum Nährstoffausgleich (Ausgleichskraftfutter) ← **Kraftfutter** → Zur Leistungssteigerung (nach Leistung)

Die Aufgaben des Kraftfutters in der Milchviehfütterung

Ausgleichskraftfutter (AF)

Das Ausgleichskraftfutter dient zum Ausgleich eines ungünstigen Nährstoffverhältnisses im Grundfutter.

Bei Mangel an Eiweiß: Ackerbohnen-, Raps- und Sojaschrot, Eiweißkonzentrat für Rinder, eiweißreiches Fertigfutter.

Bei Mangel an Energie: Getreideschrote, Trockenschnitte, energiereiches Fertigfutter anbieten.

Leistungskraftfutter (LKF)

Das Leistungskraftfutter dient der Bedarfsdeckung für Leistungen, die über die Milchmenge, die aus der ausgeglichenen Grundfutterration erzielt wird, hinausgehen.

Leistungskraftfutter kann entweder als Fertigfutter zugekauft (Milchleistungsfutter II) oder selbst gemischt werden.

Leistungskraftfutter hat ein ausgeglichenes Nährstoffverhältnis.
1 kg LKF soll für ungefähr 2 kg Milch reichen.

Mischungsbestandteile von Leistungskraftfutter (LKF):

- z. B. Sojaschrot, Schrote von Futtererbse, Ackerbohne und Raps
- Mineralstoffmischung (Ca : P = über 3 : 1)
- Futterkalk
- Getreideschrote (Gerste, Weizen, Hafer, Roggen, Mais)

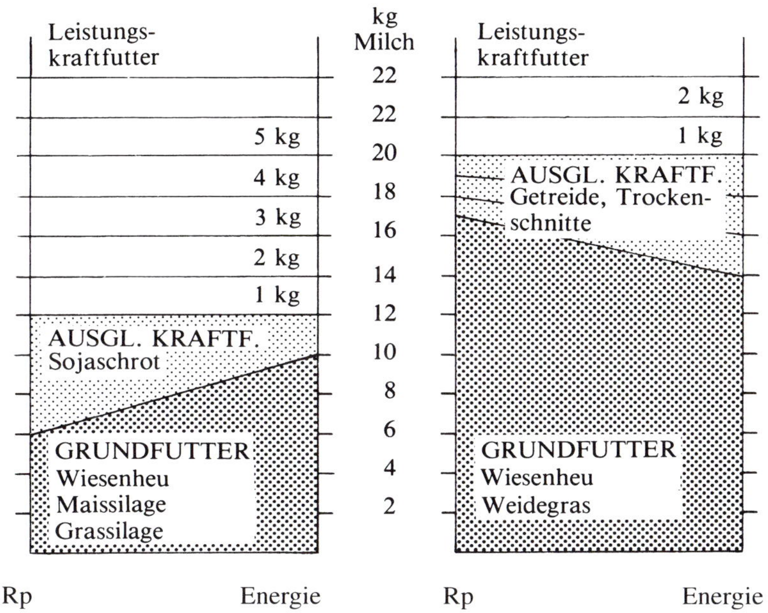

Kraftfuttereinsatz bei Kühen

Beispiele für LKF-Mischungen

A. 22 % Sojaschrot
75 % Gerste
2 % Mineralstoffmischung
1 % Futterkalk

B. 20 % Ackerbohne
15 % Rapsschrot
62 % Gerste
2 % Mineralstoffmischung
1 % Futterkalk

Beispiel für eine leistungsbezogene Fütterung

	Das Futter reicht für Liter Milch	
	nach Rohprotein	**nach NEL**
Grundfutter (Heu, Grassilage, Maissilage)	11,0	10,0
Ausgleichskraftfutter (1 kg Gerste)	1,3	2,3
Diese ausgeglichene Grundfutterration reicht für folgende Milchmenge (in Liter)	12,3	12,3

Berechne die für die jeweilige Leistung notwendige LKF-Menge.

Name der Kuh	**Liter Milch täglich**	**kg LKF täglich**
A	17,6	
B	24,0	
C	11,4	
D	27,6	
E	20,2	
F	13,1	

Startfütterung (Transitfütterung)

Einige Tage vor der Abkalbung wird mit dem Kraftfuttereinsatz begonnen. Man steigert die Kraftfuttergaben, solange die Milchleistung der Kuh steigt (= Startfütterung). Allgemein benötigen neumelkende Kühe drei bis sechs Wochen, bis sie die höchste Milchleistung pro Tag erreicht haben.

Als Faustregel gilt:

Solange die Milchleistung steigt, je 2 Liter Milch mehr – 1 kg LKF anbieten.

Wenn die Leistung zurückgeht, für 2,5 Liter Milch mehr – 1 kg LKF einsetzen.

Nach jeder Leistungskontrolle wird die Kraftfuttergabe je Kuh neu berechnet und auf die Stalltafel geschrieben.

Arbeitsaufgabe
Berechne den Kraftfutterbedarf der Milchkühe im elterlichen Betrieb.

Transponderfütterung

Ist ein Verfahren, bei dem einzelne Tiere an Hand eines Chips (z.B. im Halsband) vom Futterautomaten erkannt und individuell mit Kraftfutter versorgt werden können.

6.5.6 Fütterung der Milchkühe im Jahresablauf

Die Fütterung im Winter

Die Winterfutterperiode dauert im Durchschnitt 200 Tage.
Typische Winterfutterrationen ...

Im Grünlandgebiet

14 kg TM Aufnahme: ⅓ Raufutter (ca. 3–5 kg Heu)
⅔ Grassilage (ca. 25–30 kg mit 40 % TS)
Ein Energieausgleich ist notwendig (z.B. mit Trockenschnitte).

Im Acker-Grünlandgebiet

14 kg TM Aufnahme: ⅓ Raufutter (ca. 3–5 kg Heu)
⅓ Grassilage (ca. 13 bis 15 kg)
⅓ Maissilage (ca. 13 bis 15 kg)

Da während der Winterzeit lagerfähig gemachte Futtermittel verfüttert werden, kommt der Futterkonservierung eine große Bedeutung zu.

Zu Beginn der Winterfütterung sollte ein Winterfutterplan erstellt werden.

Übergangsfütterung im Frühjahr

Zu Beginn der Winterfütterung und der Grünfütterung im Frühjahr bestehen große Unterschiede.

Junges Grünfutter:
- viel Eiweiß, wenig Energie
- hoher Wassergehalt
- geringer Rohfasergehalt
- wenig Mineralstoffe

Durchführung

- Zirka zwei Wochen vor dem Beginn der Grünfütterung Silagegaben erhöhen.
- Mit der Grünfütterung langsam beginnen.
- Reichlich Heu beifüttern (Rohfaser, Struktur).
- Ergänzung mit energiereichem Kraftfutter (Gerste, Hafer usw.)
- Die Mineralstoffmischung an die neue Ration anpassen.

Wird keine ausreichende Übergangsfütterung durchgeführt, sind Verdauungsstörungen, Durchfälle und ein Absinken des Milchfettgehaltes die Folge.

Die Fütterung im Sommer

Im Weidebetrieb: Die Weide stellt eine günstige Fütterungsform (junges, frisches Futter) und eine günstige Haltungsform (viel Bewegung im Freien) dar. Die intensivste Weidenutzung wird mit der Portionsweide erreicht.

Im Stallhaltungsbetrieb: Die auf Wiesen und Feldfutterflächen geernteten Futterpflanzen werden im Stall verfüttert. Grünfutter soll immer nur in frischem Zustand angeboten werden. Wird Rotklee in großen Mengen verfüttert, kann es leicht zu Blähungen kommen.

Ganzjahressilagefütterung macht weniger Arbeit, ist leichter mechanisierbar und bringt wenig Futterwechsel.

Totale Mischration (TMR): Grundfutter und Kraftfutter werden im Futtermischwagen gemischt und gemeinsam zur beliebigen Aufnahme gefüttert.

Rationsberechnung für Milchvieh

Gewicht der KUH: .... **Tagesmelk:** ....

GRUNDFUTTER

		TM g	Summe	1 kg der Futtertrockenmasse enthält				Gesamtration			
kg	**Futterart**	je kg	TM kg	XF	nXP	RNB	NEL	RFA	nXP	RNB	NEL
				Summe Grundfutter							
				Abzug für Erhaltung			RFA%				
				bleiben für Leistung							
				Leistungsbedarf je kg Milch							
				mögliche Milch kg							

AUSGLEICH- KRAFTFUTTER

kg	Grundfutter - Übertrag										
				Summe Grund- und Ausgleichsfutter							
				Mögliche kg Milch			RFA%				

Kraftfutter für ____________

Futtermittel	Anteil in %	Gehalt je kg				Summe			
		nXP	RNB	NEL	€	nXP	RNB	NEL	€
					Summe (= 1 kg)				

Ausgleichs- und Leistungskraftfutter-Zuteilung für Milchkühe

möglich. kg Milch aus:	g n x P			NEL		g n x P			NEL		g n x P			NEL	
Grundfutter allein															
Grund- und Ausgleichsfutter															
Leistungskontrolle am:															
Tage zw. den Kontrollen:															
Name der Kuh	Milch	Fett	Eiw.	AF	LKF	Milch	Fett	Eiw.	AF	LKF	Milch	Fett	Eiw.	AF	LKF
	kg	%	%	kg	kg	%	%	kg	kg	kg	%	%	kg	kg	
Summe AF und LKF/Tag:															
AF und LKF/Kuh/Tag															
Summe AF und LKF zwischen dieser und nächster Kontrolle															
AF und LKF/Kuh zwischen dieser und nächster Kontrolle:															

6.6 Die Rindermast

Lernziele
Die allgemeinen Grundsätze der Rindermast nennen
Die Durchführung der Intensivmast bei verschiedenem Grundfutter erklären
Die Vor- und Nachteile der Wirtschaftsmast aufzählen

Während der letzten Jahre haben sich viele landwirtschaftliche Betriebe auf die Rindermast spezialisiert. Sie erwarten sich dadurch eine Verbesserung des Betriebserfolges und eine Arbeitsvereinfachung.

6.6.1 Allgemeine Grundsätze

Der Masterfolg hängt ab von der Eignung des Viehmaterials, von rationeller Haltung und von der richtigen Fütterung.

Das Produktionsziel sind Tiere mit hoher Schlachtausbeute, guter Fleischfülle (besonders an Keule, Rücken und Schulter) und guter Fleischqualität (Marmorierung).

Die zugekauften Kälber sollen mit geringen Kosten aufgezogen werden (Frühentwöhnung in Gruppenhaltung).

Beim Kälberankauf ist auf die Gesundheit der Kälber besonders zu achten (Nabelinfektionen, Haarausfall, Husten, Blähungen, Durchfall usw.).

Das günstigste Einstellgewicht liegt zwischen 75 und 100 kg (Alter 5 bis 6 Wochen).

Übergangsfütterung der Zukaufkälber

1. Tag (Einstelltag): nur Wasser oder Kamillentee
2. Tag bis 20. Tag: zweimal 2 Liter Austauschertränke täglich, dazu Kälberstarter, Heu zur freien Aufnahme und Wasser. Mit der Maissilagefütterung langsam beginnen.

6.6.2 Intensivmast (Mast vom Kalb weg)

Vorteile: beste Ausnützung des Jugendwachstums und günstige Futterverwertung

Mastendgewicht	600 bis 700 kg
Mastdauer	ca. 16 bis 18 Monate
Durchschnittliche Tageszunahmen	1.200 bis 1.300 g

Intensivmast mit Maissilage

Die Maissilage für die Rindermast soll körnerreich sein und einen TS-Gehalt um 33 % aufweisen (Ernte in teigreifem Zustand). Die günstigste Häcksellänge liegt zwischen 0,6 und 1,0 cm (jedes Korn soll angeschlagen werden).

Tagesration:

- 0,8 bis 1,0 kg Sojaschrot, Eiweißalternativen oder Eiweißkonzentrat
- 1 bis 2 kg Getreideschrot (besonders gegen Mastende)
- 2 dag Mineralstoffmischung je 100 kg Lebendgewicht
- Maissilage zur freien Aufnahme
- Heu (max. 1,0 kg)

6.6.3 Wirtschaftsmast

Die Wirtschaftsmast wird zur Verwertung extensiver Futterflächen (Almen usw.), sowie in der Jungochsen- und Kalbinnenmast verwendet. Nach der Jugendentwicklung (Vormast) werden die Tiere in einer kürzeren Endmast mit höherem Kraftfuttereinsatz fertig gemästet.

Vorteile:

- Grundfutter mit geringerer Nährstoffkonzentration ist einsetzbar.
- Es ist ein etwas höheres Endgewicht erreichbar.
- Ausnützung freier Stallplätze

Nachteile:

- Längere Mastdauer
- Höherer Futteraufwand

Die Vormast:

dauert von der Kälberaufzucht bis zu einem Alter von etwa 1 Jahr (Gewicht ca. 350 kg).

Fütterung: Grundfutter und geringer Kraftfuttereinsatz (1–1,5 kg tägl.). Durchschnittl. Tageszunahmen ca. 600 – 800 g

Die Endmast:

Erfolgt ab 300–400 kg Lebendgewicht.

Fütterung: Geeignet sind gute Anwelksilagen, Maissiage Kleesilagen, gutes Grünfutter. Eine Ergänzung mit 3–4 kg Kraftfutter ist notwendig.

Mineralfutter: 2 dag Mineralstoffmischung je 100 kg LG

Durchschnittliche Tageszunahmen: 1200 g sollten erreicht werden.

Wenn die Endmast in einem anderen Betrieb erfolgt spricht man von „Einstellermast".

Fresserproduktion:

Unter Fresser versteht man schwere Kälber bis etwa 220 kg, die bereits an Silage als Futterbasis gewöhnt sind.

6.6.4 Kälbermast

Lernziele
Die Durchführung der Kälbermast mit Milchaustauschfuttermitteln erklären

Mast mit Milchaustauschfutter

Kälbermast mit Milchaustauschfutter wird bis zu Mastendgewichten von 160 bis 180 kg – teilweise auch darüber – durchgeführt. Die wichtigsten Futtermittel für die Kälbermast sind Vollmilch und Milchaustauscher. In der Praxis werden, besonders bei der Mast auf höhere Endgewichte, Milchaustauschfuttermittel eingesetzt.

Tränkeplan für die Kälbermast mit Milchaustauschfutter (MAT)

Mastwoche	g MAT je Liter Wasser	Tränkemenge Liter je Tier und Tag	MAT-Menge kg je Tier und Tag
1.	160	6,0	1,0
2.	170	6,5	1,1
3.	180	7,0	1,3
4.	190	8,0	1,5
5.	190	8,5	1,6
6.	200	9,0	1,8
7.	210	10,0	2,1
8.	230	10,0	2,3
9.	230	11,0	2,5
10.	240	11,0	2,6
11.	250	11,0	2,8

6.6.5 Mutterkuhhaltung

Lernziele
Den Begriff „Mutterkuhhaltung“ erklären können

Die Mutterkuhhaltung dient dem Zweck, ohne Belastung des Milchmarktes Jungtiere zur Rindermast zu erzeugen. Das Kalb saugt während der ganzen Laktation und wird dann als Einsteller in die Endmast gestellt (300 bis 350 kg) oder als Jungrind geschlachtet.

Die Mutterkuh soll die Milchleistung vorwiegend über Nährstoffe aus der Weide erbringen können. Diese Art der Futterversorgung ist sowohl für die Mutterkuh als auch für das heranwachsende Kalb wesentlich günstiger als der Einsatz von konserviertem Futter.

6.7 Wichtige Pflegemaßnahmen

Lernziele
Notwendige Pflegemaßnahmen nennen können
Die Bedeutung der Ungezieferbekämpfung erklären

6.7.1 Das Viehputzen

Durch das Putzen der Tiere werden Staub und Schmutz entfernt, die Durchblutung der Haut wird angeregt und dem Auftreten von Ungeziefer entgegengewirkt. Elektrische Viehputzgeräte erleichtern die Arbeit. In Laufställen können sich die Tiere an montierten Bürsten selbst reinigen.

6.7.2 Klauenpflege

Der Hornschuh der Klauen wächst bis zu 1 cm pro Monat. Bei Stallhaltung fehlt die natürliche Abnützung der Klauen, so dass eine regelmäßige Klauenpflege notwendig ist.

- Bei Stallhaltung: Klauenpflege zweimal im Jahr
- Bei Weidebetrieb: Klauenpflege vier bis sechs Wochen vor dem Weideaustrieb und nach dem Einstallen.

Die Klauenpflege sollte nur von geschultem Personal durchgeführt werden (Klauenpflegekurs).

Links: Längsschnitt einer normalen Klaue **Rechts:** Längsschnitt einer Stallklaue.

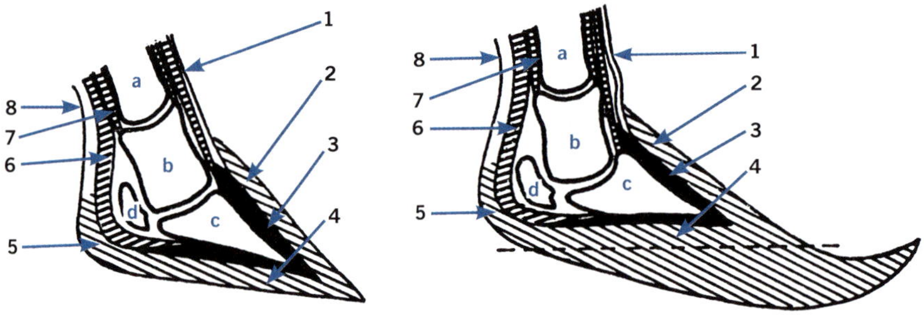

1 und 8 Körperhaut, **2** Hornwand, **3** Klauenlederhaut, **4** Hornsohle, **5** Hornballen, **6** und **7** Beugesehnen, **a** Fesselbein, **b** Kronenbein, **c** Klauenbein, **d** Strahlsbein.
Die punktierte Linie im Bild rechts deutet an, wie viel Horn entfernt werden soll.

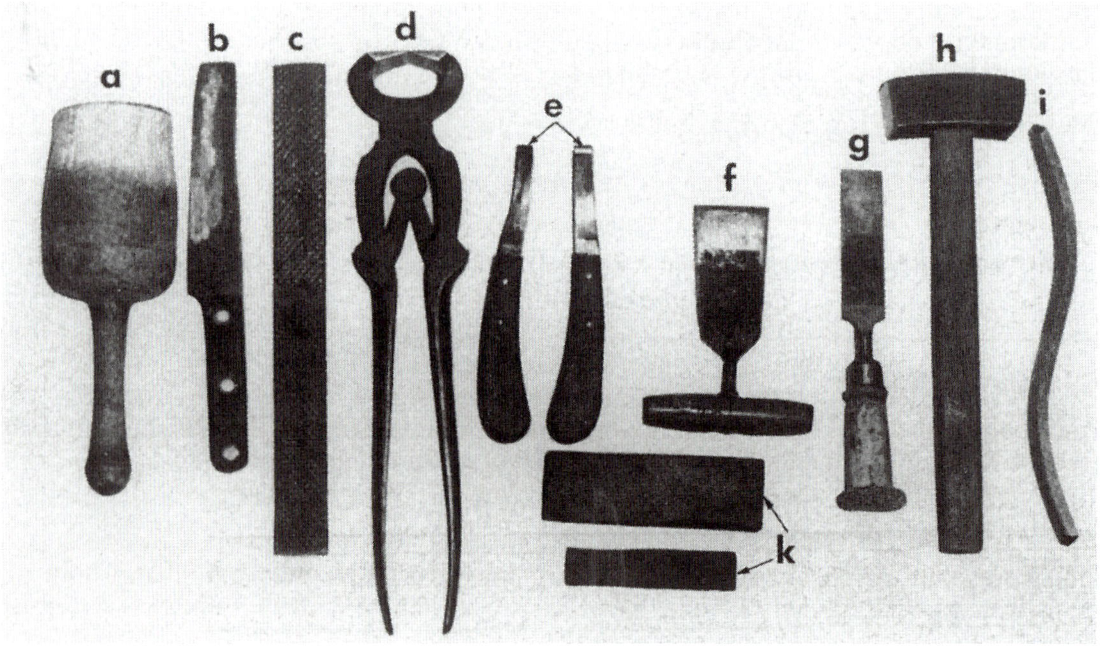

Klauenpflegewerkzeug: **a** Holzschlegel, **b** scharfe Hauklinge, **c** Hufraspel (3/4-Raspel), **d** übersetzte Hornzwickzange, **e** Rinnmesser (links und rechts), **f** Stoßmesser, **g** Stemmeisen, **h** Hammer, **i** S-förmige Klauenraspel, **k** großer und kleiner Abziehstein

6.7.3 Desinfektion und Ungezieferbekämpfung

Desinfizieren heißt „entseuchen“. Diese Maßnahme ist notwendig, um Krankheitskeime und Parasiten aus dem Stall zu entfernen. Herkömmliche Desinfektionsmittel sind Kalkmilch mit Zusatz von Formalin oder eine heiße Sodalösung. Soll eine Desinfektion Erfolg haben, so muss sie gründlich durchgeführt werden, das heißt, es sind Stand, Wände und sämtliche Stalleinrichtungen zu desinfizieren. In Seuchenfällen müssen die Anweisungen des Tierarztes bzw. der Behörden befolgt werden.

Die Pflegemaßnahmen fördern Gesundheit und Wohlbefinden der Tiere und beeinflussen wesentlich die Leistung und damit auch die Wirtschaftlichkeit.

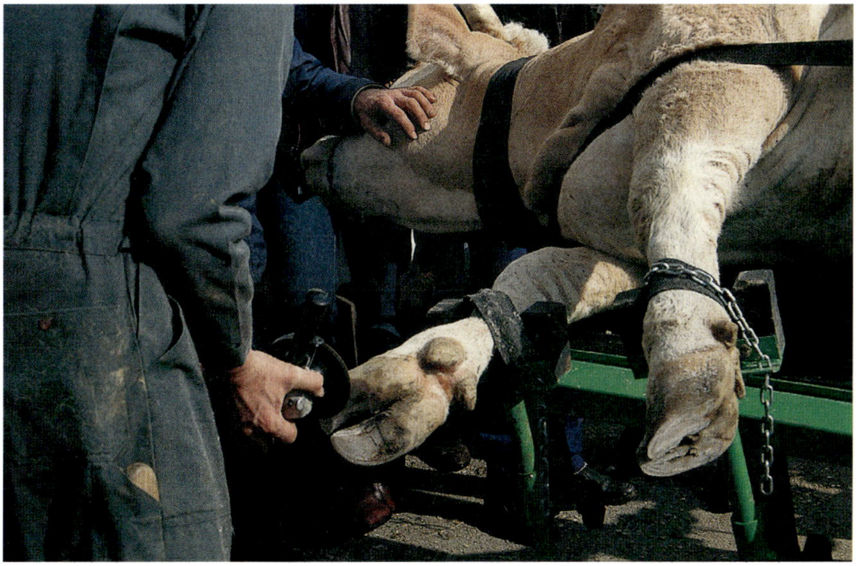

Kippstand

6.8 Wichtige Aufzeichnungen im Stall

Für eine erfolgreiche Viehwirtschaft sind gewisse Aufzeichnungen unerlässlich.

Sie betreffen vor allem:

- Geburtsdatum der Tiere
- Milch- und Zuwachsleistungen
- Beleg- und Abkalbetermine

Es ist zu empfehlen, diese wichtigen Daten im Stallkalender einzutragen. Dadurch können Trockenstehzeit, Beleg- und Abkalbetermine nicht übersehen werden. Im Zuchtbetrieb werden diese Aufzeichnungen bei jeder Kontrolle vom Kontrollorgan ergänzt und auf den neuesten Stand gebracht.

Kennzeichnung der Rinder und Registrierung in der Rinderdatenbank:

- Gemäß EU-Verordnung muß der Landwirt jedes neugeborene Kalb innerhalb von sieben Tagen mit 2 Ohrmarken kennzeichnen. Diese werden von der AMA zugesandt.
- Jeder Landwirt hat ein Bestandesverzeichnis zu führen. Änderungen (Geburten, Zu- und Verkäufe, Schlachtungen, verendeteTiere) sind innerhalb von 7 Tagen an die AMA zu melden.
- Alle Rinder, die in Österreich gehalten werden, sind in der zentralen Rinderdatenbank bei der AMA registriert.

6.9 Der Rinderstall

Lernziele
Die Anforderungen an einen Rinderstall nennen
Die verschiedenen Stallformen unterscheiden

6.9.1 Anforderungen an einen gesunden Rinderstall

Stalltemperatur

Ein kühler, trockener Stall ist für Rinder gesünder als ein warmer, feuchter Stall.

Kälber	12 bis 20° C
Jungrinder	2 bis 15° C
Milchkühe	10 bis 15° C

Als Normen gelten folgende Werte:

Luftfeuchtigkeit

60 bis 80 % relative Luftfeuchtigkeit gelten als optimal.

Lüftung

Ein erwachsenes Rind benötigt pro Stunde rund 60 m³ Frischluft. Schädliche Gase aus Atemluft oder aus Ausdünstungen und Ausscheidungen der Tiere (CO_2, Ammoniak usw.) können in Kälberställen und in Spaltenbodenställen Probleme bringen. Die Lüftungsart hängt von der Größe des Stalles ab:

• Bei kleineren Ställen	12 bis 20° C
• Bei größeren Ställen	2 bis 15° C
• Bei stark belegten Ställen	10 bis 15° C

Zugluft ist schädlich!

Licht

Das Licht wirkt anregend auf den Stoffwechsel. Die Fensterfläche richtet sich nach der Größe des Stalles und soll 1/15 bis 1/20 der Stallgrundfläche betragen.

Arbeitstechnik

Eine Arbeitseinsparung wird erreicht durch:

- Kurze Wege
- Einfache Fütterung
- Einbau von Entmistungsanlagen
- Mechanisierung der Melkarbeit

6.9.2 Stallformen

Anbindeställe

für Milchviehbestände bis zirka 20 Kühe sowie für kleinere Jungvieh- und Mastrinderbestände.

Nach dem neuen Tierschutzgesetz ist die dauernde Anbindehaltung verboten. An mindestens 90 Tagen im Jahr ist den Tieren Auslauf oder Weidegang zu gewähren. Die Anbindevorrichtungen müssen den Tieren genügend Bewegungsfreiheit bieten.

Laufställe

Tieflaufställe eignen sich besonders für Jungrinder und Mastrinder und können kostengünstig in vorhandene Altgebäude (Scheunen) eingebaut werden. Hoher Einstreubedarf.

Liegbeboxenlaufställe sind in verschiedene Bereiche unterteilt: Liegeboxen, Lauf- und Fressbereich, Melkstand. Sie eignen sich vorwiegend für größere Milchviehbestände und sind besonders arbeitssparend. Der Liegeboxenlaufstall gestattet eine freie Bewegung der Tiere.

Vollspaltenbodenställe werden hauptsächlich in der Rindermast verwendet. Der Stall soll in Boxen für gleichaltrige Tiergruppen (8 bis 10 Stück) unterteilt werden. Nur in dicht belegten Ställen sind die Tiere sauber (sie müssen den Mist durch die Spalten treten). Die Tiere sind unbedingt zu enthornen.

Vorschriften über die Ausführung der Spalten sind zu beachten. Ebenso sind bei den Boxen Mindestmaße zu berücksichtigen.

Tieflaufstall

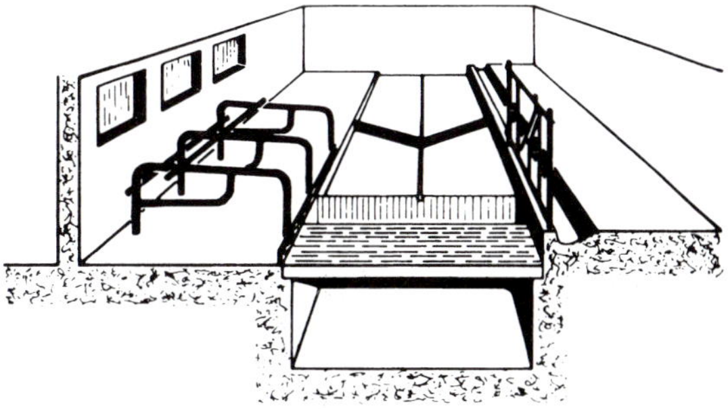

Liegeboxenlaufstall

Vollspaltenbodenlaufstall

Wiederholungsaufgaben

1. Nenne einige kombinierte Formen der Rinderhaltung.
2. Nenne einige spezialisierte Formen der Rinderhaltung.
3. Nenne Eigenschaften der wichtigsten österreichischen Rinderrassen.
4. Zähle einige Milchrassen auf.
5. Berichte über die Durchführung der Milchleistungskontrolle.
6. Suche aus einem Versteigerungskatalog Ergebnisse der Milchleistungskontrolle heraus.
7. Nenne Aufgaben der Zuchtverbände.
8. Zähle Gewährleistungsbestimmungen beim Ankauf eines Zuchtstieres auf.
9. Zähle Gewährleistungsbestimmungen beim Ankauf einer Kalbin auf.
10. Nenne Anzeichen der Brunst beim Rind.
11. Gib die Trächtigkeitsdauer des Rindes an.
12. Nenne Anzeichen der bevorstehenden Geburt.
13. Berichte über die Geburtshilfe.
14. Zähle allgemeine Grundsätze für die Kälberaufzucht auf.
15. Gib die Vorteile der Frühentwöhnungsmethode in der Kälberaufzucht an.
16. Berichte über die Fütterung des weiblichen Jungviehs.
17. Nenne allgemeine Grundsätze der Milchviehfütterung.
18. Gib den Futterverzehr einer Kuh mit 700 kg Lebendgewicht an.
19. Nenne wichtige Mineralstoffe.
20. Erkläre das Trockenstellen einer Kuh.
21. Wie wird eine Kuh während der Trockenstehzeit gefüttert?
22. Erkläre die Durchführung einer leistungsbezogenen Fütterung.
23. Für wie viele Liter Milch reicht 1 kg Leistungskraftfutter?
24. Nenne Futtermittel für die Fütterung der Kühe im Winter.
25. Berichte über die Fütterung der Kühe im Sommer.
26. Nenne allgemeine Grundsätze der Rindermast.
27. Nenne Futtermittel für die Intensivmast von Stieren.
28. Nenne wichtige Pflegemaßnahmen für Rinder.
29. Zähle Anforderungen auf, die Rinder an den Stall stellen.
30. Nenne Stallformen für Rinder.

7 Milchwirtschaft

7.1 Euteraufbau und Milchbildung

Lernziele
Den Bau des Euters erklären
Die Milchbildung erklären

Das Euter besteht aus zwei Hälften. Jede Hälfte besteht aus einem Vorder- und einem Hinterviertel. Jedes Viertel stellt für sich eine selbstständige und unabhängige Drüse dar. Das Euter besteht aus Drüsengewebe, Bindegewebe, Muskeln und Blutgefäßen. Es wird durch eine große Arterie mit Nährstoffen versorgt, das verbrauchte Blut wird durch eine Bauchvene (Milchader) wieder in den Kreislauf zurückgeleitet. Zur Bildung von 1 Liter Milch müssen 300 bis 500 Liter Blut durch das Euter fließen.

Die Milchbildung erfolgt in den Milchbildungszellen der Milchbildungsbläschen (Alveolen). Ein Reiz, der durch das Anrüsten oder Stoßen des Kalbes erzeugt wird, regt die Hirnanhangsdrüse zur Bildung des Melkhormons Oxytocin an. Dieses bewirkt, dass sich die Milchbildungsbläschen zusammenziehen und die Milch durch die Sammelgänge in die Zisternen befördert wird (Einschießen der Milch).

Die Hormonwirkung dauert zirka 7 bis 10 Minuten. Bei störenden Einflüssen (Schmerz, Lärm, kalte Melkzeuge usw.) wird von der Nebenniere Adrenalin abgegeben, das die Wirkung des Oxytocins unterbindet, und der Milchfluss wird unterbrochen.

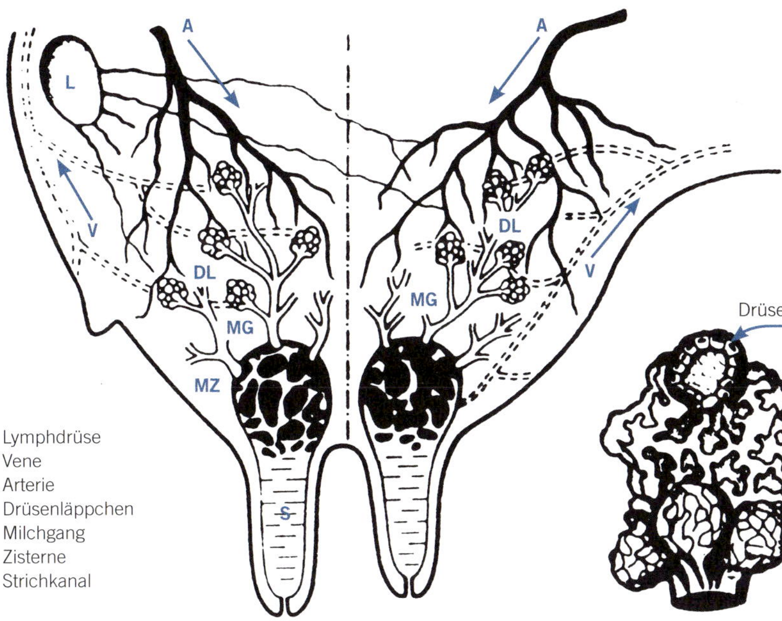

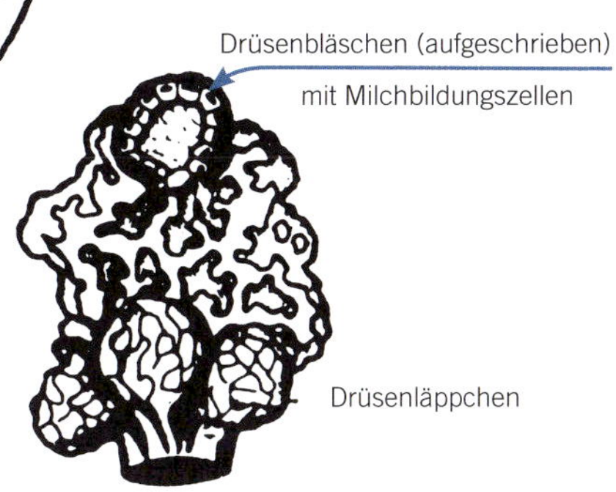

L Lymphdrüse
V Vene
A Arterie
DL Drüsenläppchen
MG Milchgang
Z Zisterne
S Strichkanal

Schematischer Querschnitt durch das Euter

7.2 Zusammensetzung der Milch

Lernziele
Die Zusammensetzung der Milch nennen
Die Unterschiede zwischen Normalmilch und Biestmilch aufzählen
Die Eigenschaften der Milchbestandteile nennen

Normale Milch besteht aus:

87 %	Wasser	
13 %	Trockenmasse, die im Durchschnitt folgendermaßen aufgeteilt ist:	
4,1 %	Milchfett	4,9 % Milchzucker
3,3 %	Milcheiweiß	0,7 % Mineralstoffe

Milchfett: Milchfett schwebt in Form kleiner Kügelchen in der Milch. Es ist leichter als Wasser, dadurch rahmt die Milch auf. Milchfett nimmt leicht Fremdgeruch und Fremdgeschmack an (Futtergeruch, Stallgeruch usw.). Die fettlöslichen Vitamine sind an das Milchfett gebunden. Das Vorgemelk enthält zirka 1 % Fett, das Nachgemelk zirka 14 % Fett.

Milcheiweiß: Es besteht zum größten Teil aus Kasein. Daneben enthält es noch Albumin und Globulin. Milcheiweiß ist besonders hochwertig. Durch Säuren (Milchsäure) oder durch Labferment wird es zur Gerinnung gebracht (Käseerzeugung).

Milchzucker: Milchzucker ist in der Milch gelöst und wirkt verdauungsfördernd. Bei der Käseerzeugung bleibt er in der Molke.

Mineralstoffe und Vitamine: sind in der Milch reichlich enthalten.

Biestmilch (Kolostralmilch) nennt man die Milch in der ersten Woche nach dem Abkalben. Sie ist gelblich, dickflüssig und enthält zirka doppelt so viel TS, bis zu fünfmal so viel Eiweiß und fast doppelt so viele Mineralstoffe wie normale Milch. Während der ersten Stunden nach der Abkalbung enthält sie auch noch reichlich Immunstoffe.

7.3 Melkarbeit und Melkhygiene

Lernziele
Mit der Melkmaschine melken können
Die Reinigung und Wartung der Melkmaschine erklären

7.3.1 Das Handmelken

Heute kann nur mehr das Faustmelken (Allgäuer Melkmethode) empfohlen werden.

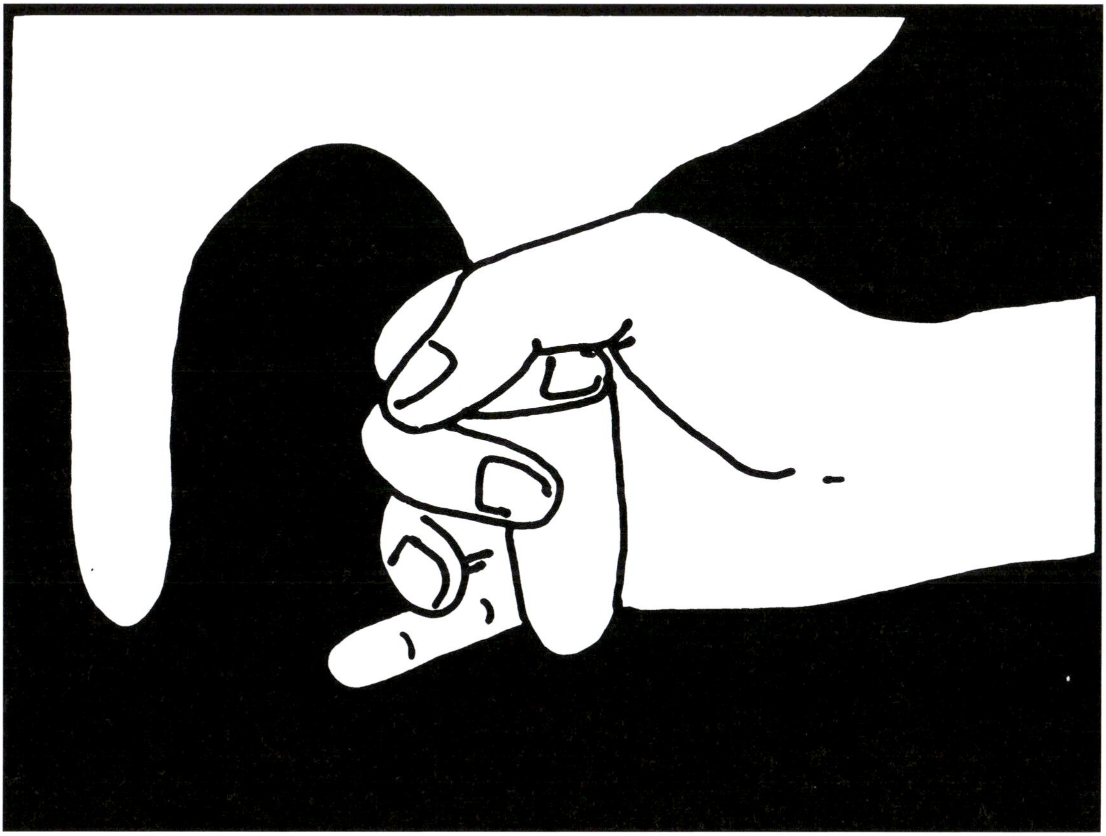

Richtige Handstellung beim Melken

7.3.2 Das Melken mit der Melkmaschine

Einsatzbereich einer Eimermelkanlage

Im Anbindestall bei Betriebsgrößen zwischen drei und 15 Kühen. Ab 6–8 Kühen kann evtl. eine zweite Melkeinheit verwendet werden.

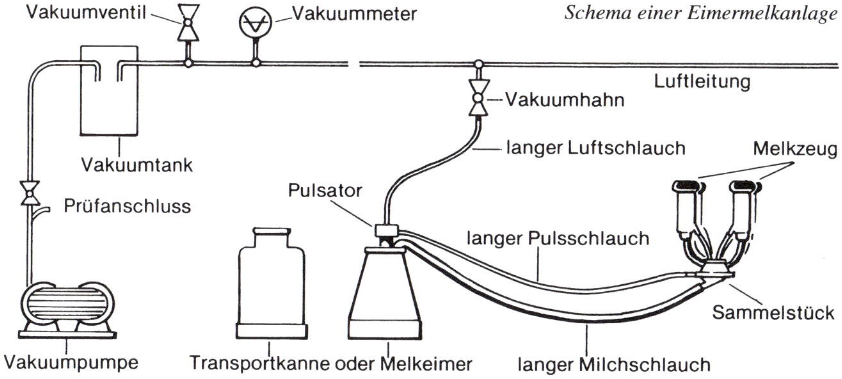

Schema einer Eimermelkanlage

Einsatzbereich einer Rohrmelkanlage

Im Anbindestall ab 12 bis 15 Kühen; mit drei und mehr teilautomatisierten Melkzeugen können von einer Person bis zu 30 Kühe pro Stunde gemolken werden.

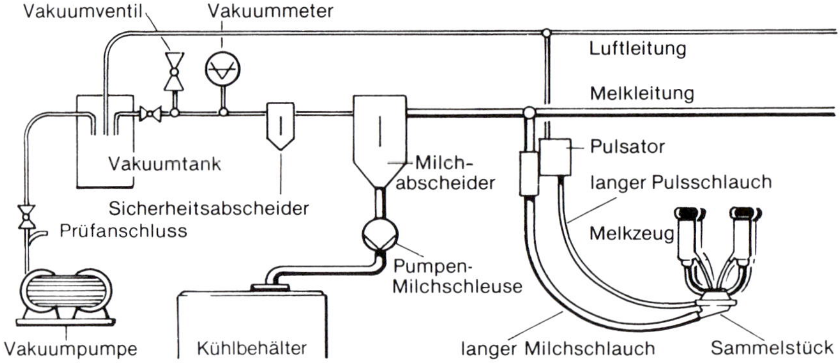

Schema einer Rohrmelkanlage

Einsatzbereich einer Melkstandanlage

Viele Betriebe bauen ihre Anbindeställe in Laufställe um. Die Melkarbeit wird durch einen Melkstand wesentlich erleichtert (die Kühe kommen zum Melker, die Melkarbeit kann stehend durchgeführt werden …)

Je nach der Größe des Kuhbestandes werden verschiedene Melkstandformen verwendet.

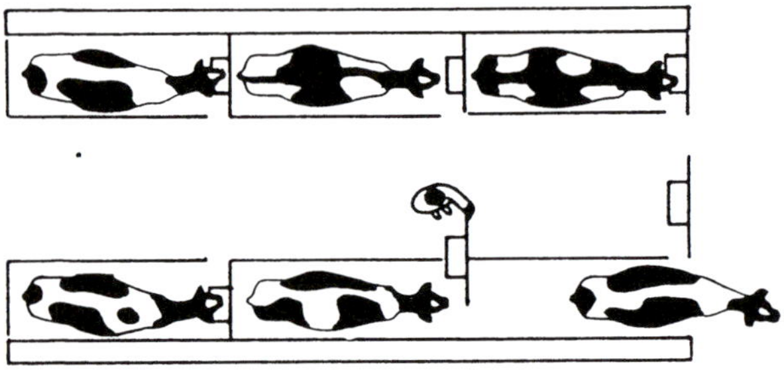

Reihenmelkstand

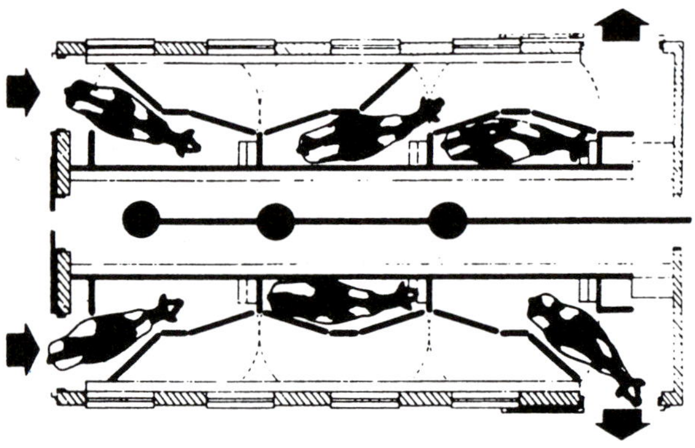

Tandemmelkstand

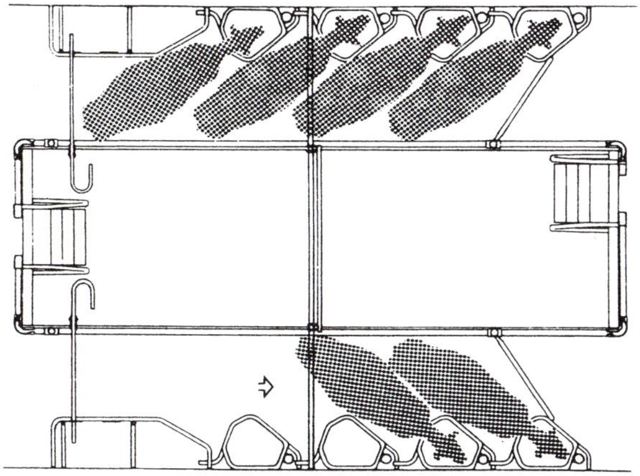

Fischgrätmelkstand

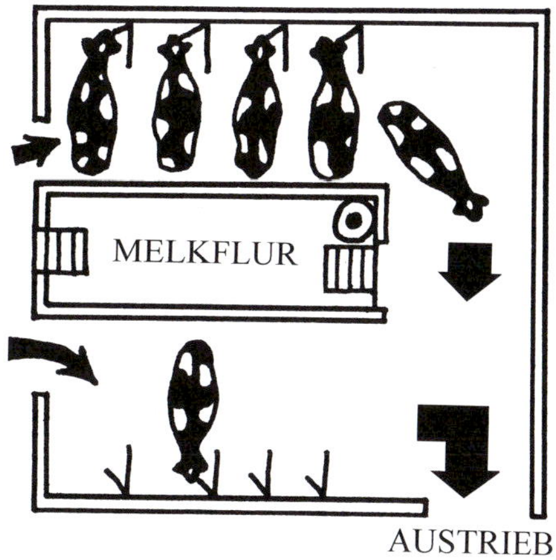

side by side-Melkstand

Reihenfolge der Arbeitsgänge beim Maschinenmelken

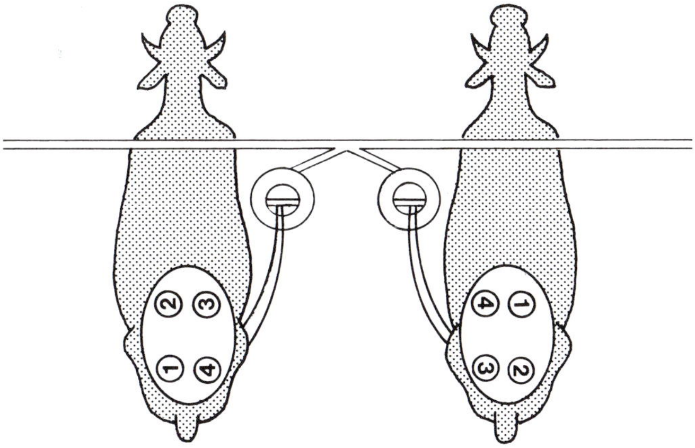

Richtige Reihenfolge des Ansetzens der Zitzenbecher von links nach rechts

1. Die ersten 3 bis 5 keimreichen Strahlen in den Vormelkbecher wegmelken.
2. Die Milch prüfen (flockige, griesige Milch weist auf eine Eutererkrankung hin).
3. Gut anrüsten (Hormonausschüttung).
4. Ansetzen der Melkzeuge: Das Melkzeug mit der linken Hand beim Sammelstück halten und mit der rechten Hand die Zitzenbecher im Uhrzeigersinn ansetzen.
5. Melken mit der Maschine: Den Melkvorgang überwachen, Blindmelken vermeiden.
6. Ausmelken mit der Maschine: Anfangs das Melkzeug mit einer Hand beim Sammelstück belasten, dann das Melkzeug belasten und mit der anderen Hand die Viertel ausmassieren.
7. Abnehmen des Melkzeuges: Den linken Arm um das Melkzeug legen. Vakuum abschalten und das Melkzeug abnehmen. Vakuum nochmals kurz einschalten, damit die Restmilch weitergeleitet wird und nicht auf die Standfläche kommt (Keimvermehrung).
8. Kontrolle und Zitzendesinfektion.

Durchführung des Schalmtests

Abgießen der Milch

Ablesen der Reaktion

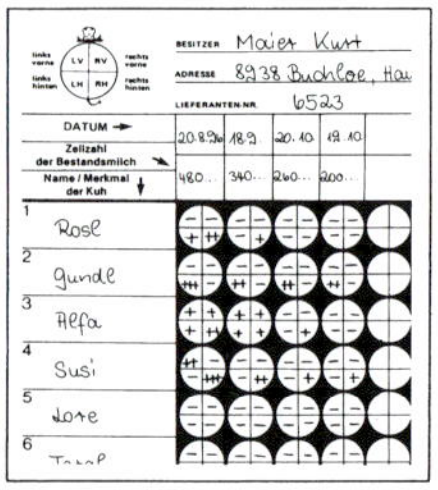

Kontrollblatt:
Ergebnisse notieren

Melkroboter

sind automatisierte Melksysteme, bei denen das Melkzeug mit Hilfe von Sensoren angehängt wird, der Melkvorgang überwacht und das Melkzeug wieder automatisch abgenommen wird. Während des Melkens wird die Milch kontrolliert und bei einer fehlerhaften Milchzusammensetzung nicht mehr zur Gesamtmilch gegeben. Reinigung und Desinfektion des Melksystems erfolgen ebenfalls automatisch.

7.4 Die Erzeugung von Qualitätsmilch

Lernziele
Die Anforderungen an Qualitätsmilch nennen
Die Maßnahmen zur Erzeugung von Qualitätsmilch erläutern

7.4.1 Anforderungen an Qualitätsmilch

- Die Milch muss aus gesunden Eutern stammen.
- Die Milch muss frei von Schmutz sein.
- Die Milch muss einen niedrigen Keimgehalt aufweisen.
- Die Milch muss frei von Geruchs- und Geschmacksfehlern sein.
- Die Milch muss einen niedrigen Zellgehalt aufweisen.
- Die Milch darf keine Fremdstoffe enthalten (z. B. Antibiotika, Reinigungs- und Desinfektionsmittel, Schädlingsbekämpfungsmittel).

Eine gute Rohmilchqualität vermindert das Verarbeitungsrisiko und erhöht die Qualität der Milchprodukte.

7.4.2 Die Qualitätsbeurteilung der Milch

Für die Qualitätsbeurteilung der Milch wird in eigenen Gebietslaboratorien eine Reihe von Milchuntersuchungen durchgeführt.

Bestimmung des Keimgehaltes (mindestens zweimal monatlich)

Bei dieser Untersuchung wird verdünnte Milch in einer Keimschale eine bestimmte Zeit bebrütet. Anschließend werden die Keime mit einem elektronischen Gerät ausgezählt. Die Keimzahl ist von der Sauberkeit und Sorgfalt beim Melken ebenso abhängig wie von den Lager- und Transportbedingungen (Kühlung).

Bestimmung des Zellgehaltes (mindestens einmal monatlich)

Der Zellgehalt der Milch gibt Aufschluss über die Eutergesundheit der Herde. Milch von gesunden Tieren weist einen Zellgehalt unter 250.000 Zellen je Kubikzentimeter auf. Bei Euterkrankheiten steigt er stark an. Im Labor wird der Zellgehalt mit einem Teilchen-Zählgerät festgestellt. Im Stall kann der Schalmtest durchgeführt werden.

Prüfung der Milch auf Hemmstoffe (einmal monatlich)

Hemmstoffe sind Rückstände von Antibiotika und von Reinigungs- und Desinfektionsmitteln.

Bestimmung des Fettgehaltes (dreimal monatlich)

Die Fettgehaltsbestimmung wird ebenfalls im Labor durchgeführt. Der Fettgehalt dient als Grundlage für die Berechnung des Milchpreises.

In weiteren Prüfungen wird die Milch auf Schmutzgehalt, Säuregrad und auf Geruchs- und Geschmacksfehler überprüft.

Bestimmung des Eiweißgehaltes (dreimal monatlich)

7.4.3 Qualitätsklassen bei der Milch

Qualitätsklasse	Keimzahl	Zellzahl	Hemmstoffe
S-Klasse			negativ
I-Klasse			negativ
II-Klasse			negativ
III-Klasse			negativ

Es gibt Abzüge für Milch mit mangelhafter Qualität.

7.4.4 Maßnahmen zur Erzeugung von Qualitätsmilch

Die Milch ständig kontrollieren (Vormelkbecher, Schalmtest)

- Sichtbar veränderte Milch und Biestmilch nicht liefern.
- Wartefrist nach einer Euterbehandlung einhalten!!!
- Bei erhöhter Zellzahl in der Milch eine bakteriologische Milchuntersuchung durchführen lassen.

Richtig melken (Melkarbeit überprüfen)

- Die ersten Strahlen wegmelken (Vormelkbecher).
- Das Euter vor dem Melken reinigen (nur Einwegtücher verwenden).
- Nach dem Melken dippen (Zitzen tauchen).
- Die Melkmaschine reinigen, warten und die Gummiteile regelmäßig wechseln.

Entsprechend reinigen und desinfizieren

- Hände, Geräte und Gefäße gut reinigen.
- Die Melkmaschine gründlich reinigen, desinfizieren und nachspülen.
- Geeignete Reinigungs- und Desinfektionsmittel verwenden.
- Abwechselnd alkalische und saure Reinigungsmittel verwenden.

Sofort kühlen

- Rasch auf eine Temperatur von 4 bis 6° C kühlen.
- Bis zur Ablieferung kühl halten.

Wiederholungsaufgaben

1. Zeichne eine Skizze vom Bau des Euters.
2. Gib die Zusammensetzung der Milch an.
3. Nenne die Reihenfolge der Arbeitsgänge beim Maschinenmelken.
4. Zähle Anforderungen auf, die Qualitätsmilch erfüllen muss.
5. Nenne und erkläre wichtige Milchuntersuchungen.
6. Nenne Maßnahmen zur Erzeugung von Qualitätsmilch.
7. Berichte über die Reinigung der Melkmaschine.
8. Was versteht man unter Euterhygiene?
9. Auf welche Temperatur soll die Milch gekühlt werden?
10. Wie wird der Milchpreis berechnet?
11. Worüber gibt die Zellzahl der Milch Auskunft?
12. Nenne „Hemmstoffe“, die in der Milch vorkommen können.

8 Schweinehaltung

Lernziele
Verschiedene Formen der Schweinehaltung aufzählen
Die Aufgaben der einzelnen Formen nennen

8.1 Formen der Schweinehaltung

In der Schweinehaltung haben sich viele Betriebe spezialisiert. Dadurch sind sie besser in der Lage, moderne Produktionstechniken anzuwenden und wirtschaftlich zu produzieren.

Der Herdbuchzuchtbetrieb

Der Herdbuchzuchtbetrieb liefert reinrassige Zuchttiere für die Landeszucht und für die Kreuzungsprogramme. Die Betriebe sind in Schweinezuchtverbänden organisiert. Die Vermarktung erfolgt durch Vermittlung über das Internet. Grundlage für die Zuchtarbeit sind Leistungsprüfungen und eine strenge Auslese.

Die Vermehrungszuchtbetriebe

Im Rahmen organisierter Zuchtprogramme (z. B. ÖHYB) erzeugen diese Betriebe durch Kreuzung reinrassiger Tiere Muttersauen für Ferkelproduktionsbetriebe. Die männlichen Ferkel werden kastriert und der Mast zugeführt.

Die Ferkelproduktionsbetriebe

Sie produzieren Ferkel (30 kg Lebendgewicht) für die Mastbetriebe. Die Vermarktung erfolgt meist über Ferkelringe.

Die Mastbetriebe

Sie kaufen Ferkel von den Ferkelproduktionsbetrieben zu und mästen die Tiere bis zur Schlachtreife. Man findet Mastbetriebe überwiegend in Getreide- und Maisanbaugebieten.

Der geschlossene Betrieb

Er erzeugt die Ferkel, die er zur Mast benötigt, im eigenen Betrieb. Das bringt hygienische und gesundheitliche Vorteile, verlangt andererseits aber auch mehr Arbeits- und Kapitaleinsatz.

8.2 Schweinezucht

Lernziele
Die Rassenmerkmale der österreichischen Schweinerassen nennen
Die Nutzungseigenschaften aufzählen
Die Verwendungsmöglichkeiten der Rassen angeben

8.2.1 Die Schweinerassen in Österreich

Edelschwein (E)

Rassenmerkmale: weiße Hautfarbe, Stehohren, großrahmig

Nutzungseigenschaften: sehr gute Widerstandsfähigkeit, hohe Aufzuchtleistung, hohe Tageszunahmen, gute Fleischbeschaffenheit, wertvolle Fleischteile weniger gut ausgebildet.

Verwendung: vorwiegend als Muttersauen in Kreuzungsprogrammen.

Landrasse (L)

Rassenmerkmale: weiße Hautfarbe, Hängeohren, mittelrahmig

Nutzungseigenschaften: gute Aufzuchtleistung, gute Fleischwüchsigkeit,

Verwendung: in Reinzucht und als Muttersauen in Kreuzungsprogrammen (Universalrasse)

Pietrain (Pi)

Rassenmerkmale: weiß mit dunklen Flecken, klein- bis mittelrahmig,

Nutzungseigenschaften: mittlere Widerstandsfähigkeit, mäßige Fruchtbarkeit, vorzügliche Ausbildung der wertvollen Teilstücke („Apfelschinken"), mäßige Fleischqualität;

Verwendung: als Endstufeneber in Kreuzungsprogrammen.

Duroc (D)

Rassenmerkmale: einfarbig, von dunklem bis zu hellem Rot, leichte Sattelung der Profillinie, kleine Schlappohren.

Nutzungseigenschaften: gute Zucht- und Mastleistung, mäßige Schlachtleistung, gute Fleischbeschaffenheit, vorzügliche Konstitution.

Verwendung: Zur Erzeugung von Kreuzungssauen für die Ferkelerzeugung.

Edelschwein

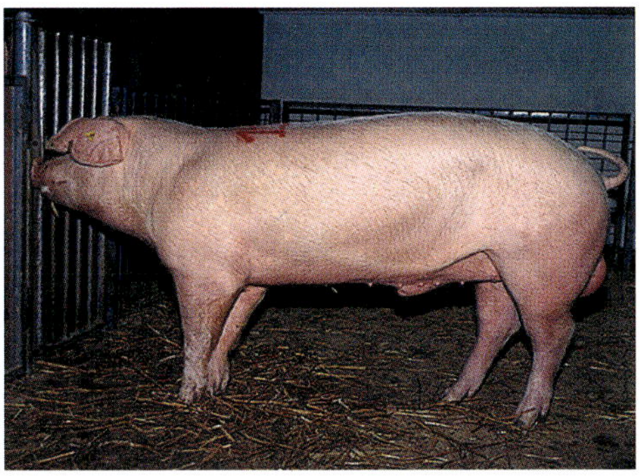

Landrasse

Pietrain

Duroc

8.2.2 Leistungsprüfungen

Lernziele
Kriterien bei der Zuchtleistungsprüfung nennen
Kriterien der Mast- und Schlachtleistungsprüfung aufzählen

Zuchtleistungsprüfung

Die Zuchtleistungsdaten werden vom Zuchtbetrieb im Internet-Sauenplaner eingetragen und stehen dem Zuchtverband und dem Betrieb zur Verfügung:

- Zahl der geborenen Ferkel
- Zahl der hochgebrachten Ferkel
- Zahl der Zitzen links und rechts

Alle Ferkel werden durch eine Tätowierung im rechten Ohr gekennzeichnet (Herdbuch-Nummer der Mutter und Ferkelnummer).

Mast- und Schlachtleistungsprüfung

Diese Prüfungen werden in der österreichischen Prüfanstalt Streitdorf bei Stockerau durchgeführt. Der Herdbuchzüchter muss von jedem ersten Wurf einer Zuchtsau zwei Ferkel an die Prüfanstalt senden.

In der Prüfung werden die Tiere bei einheitlicher Fütterung gemästet, anschließend geschlachtet und der Schlachtkörper beurteilt.

Prüfkriterien ...

... für die Mastleistung

- Alter bei Prüfbeginn
- Mastdauer in Tagen
- Durchschnittliche Tageszunahme in Gramm
- Futterverwertung (= Futterverbrauch je kg Zuwachs)

... für die Schlachtleistung

- Fleischanteil (Flan): Anteil der wertvollen, abgespeckten Teilstücke (Schopf, Karree, Schinken) in % der gesamten Schlachthälfte. Der Flan ist das entscheidende Maß für die Fleischmenge am Schlachtkörper.
- Fleischbeschaffenheitszahl (FBZ): ist ein wichtiges Maß für die Fleischqualität.
- Intramuskuläres Fett im Karree (IMF).
- Fett-Fleischverhältnis (FFlV): z.B.: 1 : 6,00 = auf 1 kg Fett entfallen 6 kg Fleisch
- Schinkenprozente (Schi%): Schinkenanteil in % zur gesamten Schlachthälfte.
- Karreefläche (Kafl): in cm2
- Körperlänge (KL): in cm.

Fleischbeschaffenheitszahl (FBZ)

Sammelmerkmal aus:

- GÖFO-Wert (Fleischfarbe)
- pH – Wert 1 Std. nach der Schlachtung
- Dripverlust (Wasserhaltevermögen)

Mängel in der Fleischbeschaffenheit

PSE Fleisch = bleich, weich, wässrig

DFD Fleisch = dunkel, fest, trocken

Die Feststellung der Stressempfindlichkeit

MHS-Test (Maligne Hyperthermie Syndrom)

Die Leistungsprüfungen stellen eine wichtige Grundlage für die Herdbuchzucht dar.

Arbeitsaufgabe

Ermittle den für euren Betrieb zuständigen Zuchtverband:

Anschrift:

Obmann:

Geschäftsführer:

8.2.3 Zuchtmethoden in der Schweinezucht

Lernziele

Die in der praktischen Schweinezucht angewandten Zuchtmethoden erklären

Die Reinzucht

Reinzucht ist die Paarung von Tieren der gleichen Rasse. Sie ist die einfachste Zuchtmethode, da eine eigene Sauennachzucht möglich ist. Der Nachteil ist aber, dass beste Fruchtbarkeit, gute Widerstandsfähigkeit und beste Ausbildung der wertvollen Teilstücke nicht in einer Rasse zu vereinen sind.

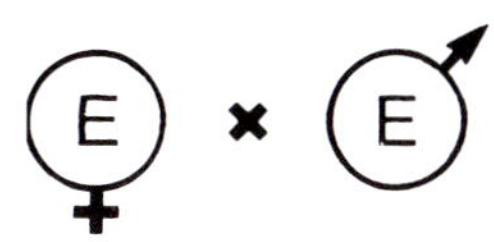

Beispiel einer Reinzucht

Die Kreuzungszucht

Kreuzungszucht ist die Paarung von Tieren verschiedener Rassen. Bei dieser Methode werden fruchtbare, widerstandsfähige Muttersauen zum Beispiel mit Ebern einer fleischbetonten Rasse gekreuzt. Dadurch wird die Aufzuchtleistung verbessert und bei den Schlachttieren beste Fleischfülle erreicht. Als Nachteil ergibt sich, dass keine Nachkommen zur Weiterzucht verwendet werden dürfen.

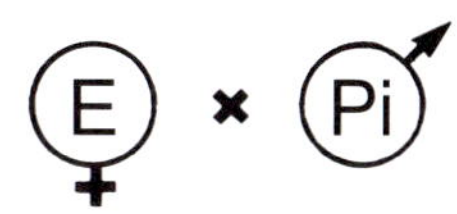

Zwei-Rassen-Kreuzung

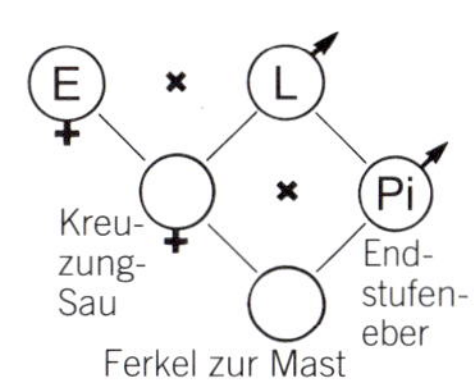

Drei-Rassen-Kreuzung

Trächtigkeit und Geburt

Die Errechnung des Geburtstermines

Voraussichtlicher Geburtstermin = Belegdatum + 3 Monate + 3 Wochen + 3 Tage

Vorbereitung auf die Geburt

Bevor die Zuchtsau in die Abferkelbucht kommt, sind eine Entwurmung und eine Behandlung gegen Hautparasiten notwendig.

Die Abferkelbucht ist vor jeder Neubelegung zu reinigen und zu desinfizieren. Eine Wärmequelle für die Ferkel muss vorhanden sein.

Verlauf der Geburt

Anzeichen für die bevorstehende Geburt sind: Anschwellen und Rötung der Scham und der Zitzen, Unruhe, Nestbau, Einfallen der Beckenbänder. Nach der Eröffnungsphase (Unruhe, Nestbau) von zwei bis sechs Stunden werden die Ferkel in Abständen von zehn Minuten bis zu einer halben Stunde geboren (meist ohne Geburtshilfe). Bei einer notwendigen Geburtshilfe sind Ruhe und Sauberkeit oberstes Gebot (Kunststoff-Einweghandschuhe und Gleitgel).

Maßnahmen nach der Geburt

- Wärmequelle vor der Geburt über dem Ferkelnest anbringen. Das Wärmebedürfnis der Ferkel beträgt nach der Geburt über 30° C. Bis zu einem Lebendgewicht von 20 kg kann die Temperatur auf etwa 20 bis 22° C abgesenkt werden
- Die neugeborenen Ferkel gleich an das Gesäuge legen
- Auf den Nachgeburtsabgang achten
- Hakenzähne abschleifen
- Schwänze kupieren
- Eisenversorgung sicherstellen. Der Eisenbedarf der Ferkel wird durch die Sauenmilch nicht gedeckt. Zur Verhütung der Ferkelanämie (Blutarmut) muss bereits am 3. Tag eine zusätzliche Eisenversorgung erfolgen (Eiseninjektion, Verabreichen von eisenhältigen Pillen oder Pasten)
- Kastration durchführen (bis zum 7. Tag)

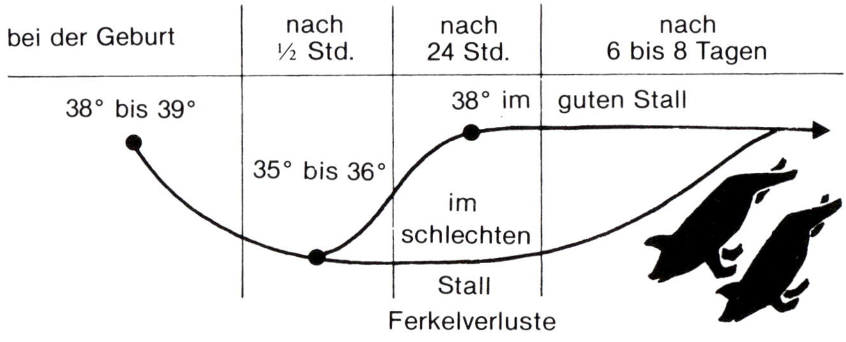

Körpertemperatur der Ferkel

8.2.4 Zuchtbenutzung der Schweine

Lernziele
Wichtige, die Fortpflanzung betreffende Daten der Schweine nennen
Die Anzeichen der Brunst angeben
Den günstigen Belegzeitpunkt nennen
Den Geburtstermin berechnen

Brunst und Belegung (wichtige Daten):

Geschlechtsreife	ab 4 Monaten
Zuchtreife bei Sauen	ab 7 bis 9 Monate (110–120 kg)
Zuchtreife bei Ebern	ab 7 Monaten
Brunstdauer	2 bis 3 Tage
Brunstzyklus	18 bis 23 Tage
Erste Brunst nach dem Abferkeln	4 bis 7 Tage nach dem Absetzen
Günstigster Belegzeitpunkt	20 bis 24 Stunden nach Brunstbeginn
Trächtigkeitsdauer	115 Tage (± 1 bis 2 Tage)

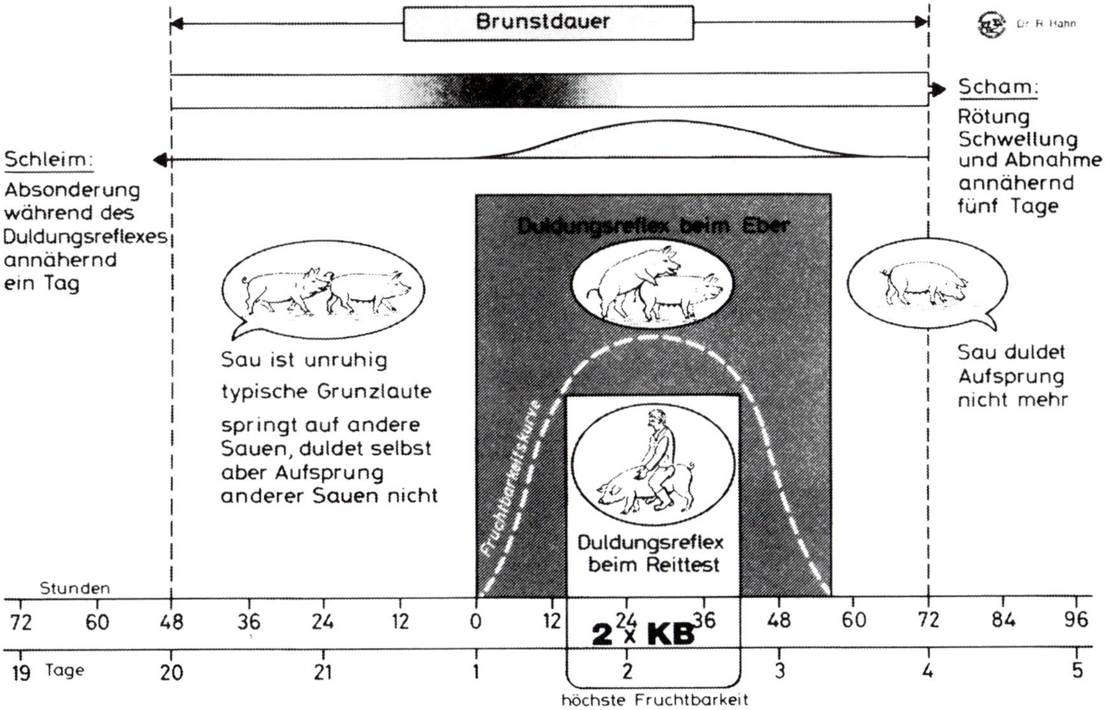

Die wichtigsten Termine bei der Schweinebesamung

8.3 Fütterung der Schweine

8.3.1 Allgemeine Fütterungsgrundsätze

Lernziele
Die Ernährungsansprüche der Schweine aufzählen
Über die Verdauung beim Schwein berichten

Schweine zählen zu den Allesfressern. Sie haben einen einhöhligen Magen und einen kurzen Verdauungstrakt mit geringem Fassungsvermögen. Die Tätigkeit der Mikroorganismen bei der Verdauung ist unbedeutend. Daraus leiten sich für das Schwein ganz bestimmte Ernährungsansprüche ab:

Hohe Nährstoffkonzentration

Schweine verlangen ein nährstoffreiches Futter (z. B. Getreide, Silagen aus Maiskörnern oder Maiskolben, pflanzliche und tierische Eiweißfuttermittel usw.).

Hohe Verdaulichkeit

Für Mastschweine, säugende Sauen und Ferkel muss die Futterration zu 80 % verdaulich sein. Für leere und niedertragende Sauen sind Verdaulichkeitswerte zwischen 60 bis 70 % vertretbar.

Den größten Einfluss auf die Verdaulichkeit eines Futtermittels hat der Rohfasergehalt.

Ausreichende Eiweißversorgung, gute Eiweißqualität

Das Schwein kann Körpereiweiß nur aus Futtereiweiß bilden. Für eine gute Fleischbildung sind entsprechende Eiweißmengen in der Tagesfutterration Voraussetzung. Neben der Eiweißmenge muss auch der nötige Anteil an essentiellen Aminosäuren im Futter vorhanden sein. Besonders zu berücksichtigen sind die Aminosäuren Lysin, Methionin und Cystin.

Bedarfsdeckende Mineral- und Wirkstoffversorgung

Eine Mineral- und Wirkstoffbeifütterung ist notwendig. Bei den Mineralstoffen sind es in erster Linie Ca, P, Na, Fe, Cu, Mn, Zn und Se; bei den Vitaminen sind es Vitamin A, D und die B-Vitamine.

Fehlen dem Tier Mineralstoffe und Vitamine, so treten Störungen, Mangelerscheinungen oder Gesundheitsschäden auf.

8.3.2 Fütterung der Zuchtsauen

Lernziele
Die Leistungsziele in der Zuchtsauenhaltung aufzählen
Die Fütterung in den einzelnen Leistungsabschnitten erklären
Die Fütterungsmethoden für Zuchtsauen erklären

Leistungsziele

- Regelmäßige Fruchtbarkeit
- Gute Säugeleistung
- 2,3 Würfe pro Jahr
- 25 verkaufsfähige Ferkel je Sau und Jahr
- Über 1,3 kg Geburtsgewicht je Ferkel
- Mindestens 5 Würfe als Lebensleistung

Die richtige Fütterung ist eine wesentliche Voraussetzung für eine entsprechende Leistung der Sauen. Sie stellt dabei einen wesentlichen Wirtschaftlichkeitsfaktor dar. Die Futterkosten machen in der Zuchtsauenhaltung bis zu 60 % der Gesamtkosten aus.

Die Fütterung in den verschiedenen Leistungsabschnitten

Zeit des Deckens

Eine intensive Ernährung vor dem Decken soll die Eisprungrate erhöhen (Flushing). Dabei kommt es vor allem auf die Energieversorgung an. In der Zeit vom Absetzen bis einen Tag nach dem Belegen wird daher zusätzlich 1 kg Getreideschrot (Mais oder Weizen) gefüttert.

Trächtigkeit

Der Nährstoffbedarf für Erhaltung und Leistung muss gedeckt werden.

Niedertragende Sauen (1. bis 12. Trächtigkeitswoche) werden knapp gefüttert (Gefahr der Verfettung). In dieser Zeit kann auch wirtschaftseigenes Futter mit relativ niedriger Verdaulichkeit eingesetzt werden.

Hochtragende Sauen (13. bis 16. Trächtigkeitswoche) haben einen steigenden Nährstoffbedarf.

Die beste Fruchtbarkeit der Sauen ist bei einem Gewicht von 140 kg (Jungsau) bis 220 kg (Altsau).

Laktation (Säugezeit)

Die Milchleistung der Zuchtsauen hängt von der Anzahl der Ferkel und von der Fütterung ab. Säugende Zuchtsauen verlangen eine intensive Nährstoffversorgung, die nur über Kraftfutter erreicht werden kann.

Faustregel: 1,5 kg Kraftfutter für den Erhaltungsbedarf und 0,5 kg Kraftfutter je Ferkel.

Für die Zuchtsauenfütterung gelten folgende Grundsätze

die niedertragende Sau – sehr knapp füttern
die hochtragende Sau – zunehmend reichlich füttern
die säugende Sau – sehr reichlich füttern

Fütterungsmethoden

Die kombinierte Fütterung

Unter kombinierter Fütterung versteht man die Verabreichung von Grundfutter und Kraftfutter an die Zuchtsau.

Grundfutter

Als Grundfutter sind alle wirtschaftseigenen Grün- und Saftfuttermittel geeignet, die eine Verdaulichkeit von mindestens 60 % aufweisen:

Gras und Kleegras	6 bis 10 kg je Sau täglich
Futterrüben	8 bis 12 kg je Sau täglich
Silagen, z. B. Grassilage, Kleegrassilage, Rübenblattsilage	6 bis 10 kg je Sau täglich
körnerreiche Maissilage (energiereich)	max. 5 bis 6 kg/Tag

Kraftfutter

Grundfutter und Kraftfutter decken zusammen den Nährstoffbedarf der Zuchtsau. Als Kraftfutter wird ein Zuchtsauenergänzungsfutter verwendet. Dieses muss auf das Grundfutter abgestimmt werden:

- Bei eiweißreichem Grundfutter (Grünfutter, Gras und Kleesilagen): 170–180 g XP in 12,0–13,0 MJ ME, 5–8 % Rohfaser, 8,0 g Lysin, 10,0–13,0 g Ca, 6,0–8,0 g P
- Bei eiweißarmem Grundfutter (Rüben, Maissilagen): 180–200 g XP in 11,3–11,5 MJ ME, 6–10 % Rohfaser, 10,0 g Lysin, 12,0–15,0 g Ca, 8,0–10,0 g P

Tägliche Futtermengen

Leistungsstadium	Kraftfutter kg	Grundfutter kg
Flushing	2,2 bis 2,5	zirka 6
Niedertragend (1. bis 11. Woche)	1,5	zirka 10
Hochtragend (13. bis 16. Woche)	2 bis 3	zirka 6
Säugend (10 Ferkel)	6,0 bis 6,5	keines

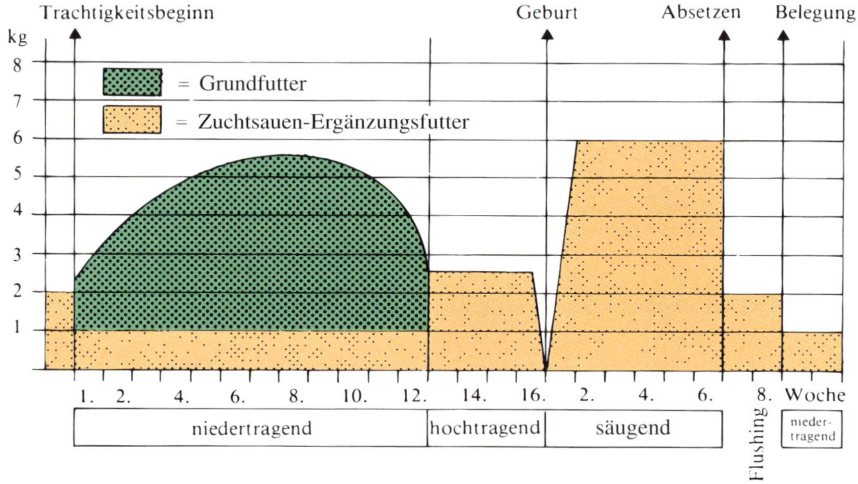

Diätfütterung vor dem Abferkeln:

Etwa zwei Tage vor dem Abferkeln wird die Kraftfuttergabe auf 1 kg gesenkt und suppig gegeben.

Futterverbrauch je Zuchtsau und Jahr:

Bei der kombinierten Fütterung werden im Durchschnitt 800 bis 900 kg Kraftfutter und rund 2.000 kg Saftfutter je Zuchtsau verbraucht.

Kraftfutter-Alleinfütterung

Bei der Kraftfutter-Alleinfütterung erhält die Zuchtsau nur Kraftfutter. Dies bringt folgende Vorteile:

- Exakte Nährstoffzuteilung
- Geringerer Arbeitsaufwand

Die Futterzuteilungspläne sind genau einzuhalten, da nur eine knappe Nährstoffversorgung während der Trächtigkeit eine entsprechende Futteraufnahme in der Säugezeit gewährleistet. Während der Trächtigkeit ist eine Einzelfütterung notwendig (Einzelfressstände).

Gehaltswerte von Zuchtsauen-Alleinfutter

- Zuchtsauen-Alleinfutter für tragende Sauen (Trächtigkeitsfutter)
  140–150 g XP in 11,0–12,0 MJ ME, 6–10 % Rohfaser, 7,5 g Lysin, 7,0–8,0 g Ca, 5,0–6,0 g P
- Zuchtsauen-Alleinfutter für säugende Sauen (Laktationsfutter)
  170–180 g XP in 12,5–13,0 g MJ ME, 5–8 % Rohfaser, 9,0 g Lysin, 9,5 g Ca, 6,0–7,0 g P

Tägliche Futtermengen

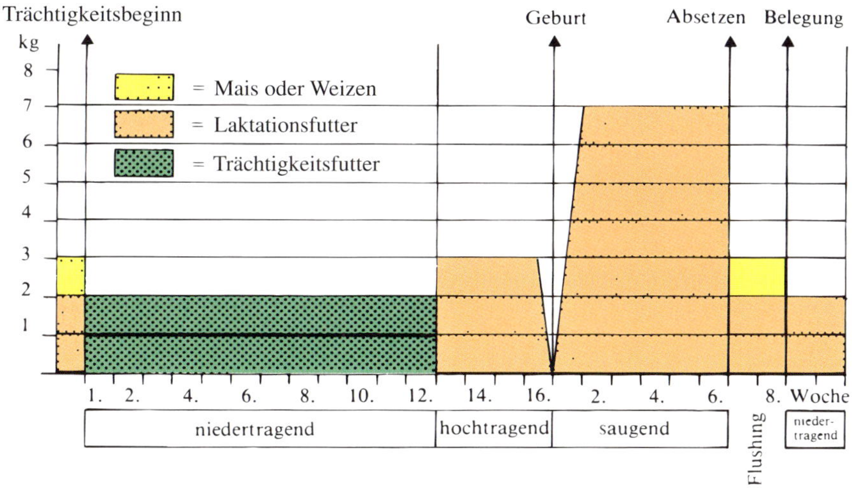

Leistungsstadium	Kraftfutter	Art des Kraftfutters
Flushing	3,0 kg	2 kg Laktationsfutter 1 kg Mais oder Weizen
Niedertragend	2,2 bis 2,3 kg	Trächtigkeitsfutter
Hochtragend	3,0 kg	Laktationsfutter
Säugend	zur beliebigen Aufnahme (6,0 bis 8,0 kg)	Laktationsfutter

Futterverbrauch je Zuchtsau und Jahr

Im Durchschnitt werden 1.100 bis 1.200 kg Zuchtsauen-Alleinfutter je Zuchtsau jährlich verbraucht.

8.3.3 Fütterung der Ferkel

Lernziele
Die Leistungsziele in der Zuchtsauenhaltung aufzählen
Die Fütterung in den einzelnen Leistungsabschnitten erklären
Die Fütterungsmethoden für Zuchtsauen erklären

Die Fütterung der Saugferkel

Die Ferkel decken ihren Nährstoffbedarf in der ersten Lebenswoche hauptsächlich über Sauenmilch. Dabei kommt der rechtzeitigen Aufnahme von Kolostralmilch eine besondere Bedeutung zu (Schutzstoffe gegen Krankheiten).

Zur Deckung des Eiweiß- und Energiebedarfes der Ferkel während der Säugeperiode ist eine frühzeitige Beifütterung erforderlich. Mit der Beifütterung soll in der 2. Lebenswoche begonnen werden (in flachen Gefäßen vorlegen). Das Futter soll schmackhaft und staubfrei (wenn möglich pelletiert) sein und soll täglich frisch angeboten werden.

Wasser: frisch und zur freien Entnahme anbieten.

Ab der 5. Lebenswoche kann ein Ferkelaufzuchtfutter eingesetzt werden. Eine langsame Übergangsfütterung ist jedoch notwendig.

Anforderung an Ferkelfutter

- Ergänzungsfutter für Saugferkel (Prästarter): 190–200 g XP in ca. 12,5–13,0 MJ ME, 3–5 % Rohfaser, mind. 11,0 g Lysin, 8,0 g Ca, 5,0 g P
- Ferkelaufzuchtfutter (Ferkelstarter): 180–190 g XP in 12,5–13,0 MJ ME, 4–6 % Rohfaser, mind. 10,0 g Lysin, 8,0 g Ca, 5,0 g P

Sauenmilchersatzfutter

Falls die Milchleistung der Sau unbefriedigend ist, muss ein Sauenmilchersatzfutter (Milchaustauscher für Ferkel) eingesetzt werden.

Die Fütterung der Absetzferkel

Absetzen nach vier Wochen

Absetzen der Ferkel nach vierwöchiger Säugezeit ist zu empfehlen. Längere Säugezeiten sind nicht sinnvoll, da die Milchleistung der Zuchtsau stark zurückgeht. Wenn nötig, wird empfohlen, die Sau von den Ferkeln abzusetzen, d. h., die Sau wird aus der Bucht genommen und die Ferkel bleiben in ihrer gewohnten Umgebung.

In der 4. Woche erfolgt die Umstellung der Ferkel auf ein Ferkelaufzuchtfutter, das bis zum Ende der Aufzuchtperiode zur beliebigen Aufnahme gefüttert wird (Einsatz von Futterautomaten).

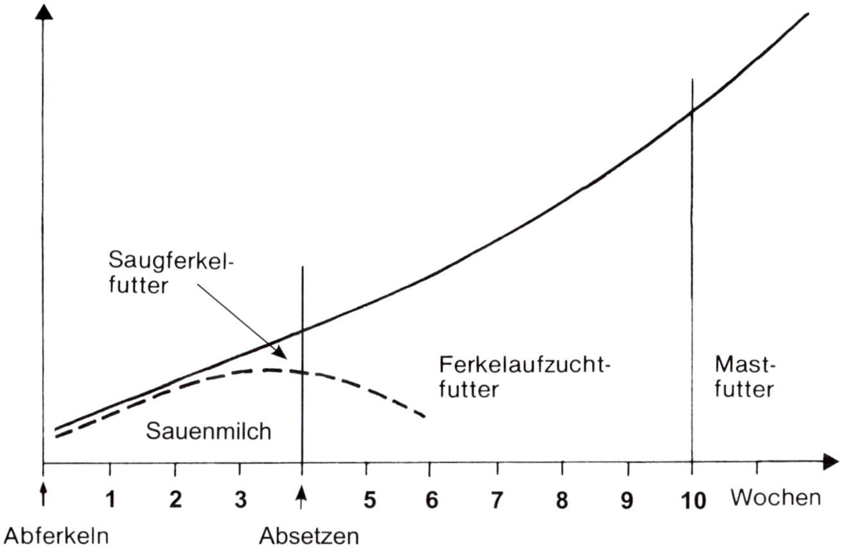

Nährstoffbedarf der Ferkel

Frühabsetzen

In speziellen Fällen können Ferkel schon nach drei Wochen abgesetzt werden. Am besten bewährt hat sich ein Absetzen zwischen dem 24. und 28. Lebenstag. Durch das Frühabsetzen kann die Ferkelzahl je Sau und Jahr erhöht werden. Es sind jedoch gute hygienische Verhältnisse und ein beheizbarer Ferkelstall notwendig. Bis zur 5. Lebenswoche erhalten die Ferkel den Ferkelstarter, in der 6. Woche erfolgt die Umstellung auf ein Ferkelaufzuchtfutter, das bis zum Ende der Aufzucht eingesetzt wird.

8.3.4 Fütterung der weiblichen Zuchtläufer

Lernziele
Die Fütterungsmethoden für weibliche Zuchtläufer erklären
Den Zeitpunkt für die erste Belegung angeben

Weibliche Ferkel, die für die Aufzucht bestimmt sind, werden mit einem Gewicht von 20 bis 25 kg (max. 40 kg) von den übrigen Tieren getrennt. Die Tiere sollen sich kräftig entwickeln, jedoch keine zu hohen Tageszunahmen aufweisen. Die Geschlechtsreife tritt in einem Alter von 5 bis 7 Monaten ein, die erste Belegung wird mit etwa 8 bis 9 Monaten (bei zirka 120 kg Lebendgewicht) durchgeführt. Bei der kombinierten Fütterung erhalten die Tiere 1,5 kg Zuchtsauen-Ergänzungsfutter je Tier und Tag und dazu wirtschaftseigenes Grundfutter. Bei der Alleinfütterung erhalten die Tiere nur Kraftfutter. Bei einem Lebendgewicht von 20 kg wird mit 1 kg Kraftfutter begonnen und zum Ende der Aufzuchtperiode auf 2,65 kg gesteigert. Weide und Auslauf fördern die Entwicklung.

8.3.5 Fütterung der Zuchteber

Lernziele
Die Fütterungsmethoden für Zuchteber erklären

Die Dauer der Zuchtbenutzung kann durch die Fütterung stark beeinflusst werden. Bei der kombinierten Fütterung gibt man zirka 2,5 kg Zuchtsauen-Ergänzungsfutter und Grundfutter bis zur Sättigung. Bei der Alleinfütterung füttert man 3 bis 3,5 kg Alleinfutter für trächtige Sauen und zusätzlich 2 bis 3 dag Mineralfutter.

Ein Eber kann im kontinuierlichen Betrieb etwa 25 bis 30 Sauen belegen.

Pro Woche kann ein Eber 2 bis 3 Sauen belegen. Beim Doppelsprung sind unbedingt 7 bis 8 Stunden Ruhepause notwendig.

8.3.6 Fütterung der Mastschweine

Lernziele
Den Begriff „Futterverwertung" erklären
Allgemeine Grundsätze für die Schweinemast nennen
Verschiedene Mastmethoden erklären

Allgemeine Grundsätze

Das Ziel der Schweinemast ist die Produktion von fettarmen Schweinen mit großer Fleischfülle und einem hohen Anteil wertvoller Teilstücke am Schlachtkörper.

Die Erreichung dieses Zieles wird von folgenden Faktoren maßgeblich beeinflusst von …

- den Erbanlagen des Tieres
- der Fütterung
- den Haltungs- und Hygienebedingungen.

Der wirtschaftliche Erfolg in der Schweinemast wird mitbestimmt von der …

- Wachstumsrate (Tageszunahmen)
- Futterverwertung (Verbrauch an kg Futter je 1 kg Gewichtszuwachs)
- Schlachtkörperqualität
- Ferkel-, Futter- und Mastschweinepreissituation

Wichtige Daten in der Schweinemast

Durchschnittliche Tageszunahmen	700 g
Mastdauer	110 bis 130 Tage
Optimales Mastendgewicht	110 bis 120 kg
Günstige Futterverwertung	unter 3 kg Futter/1 kg Zunahme

Fütterungstechnik

Rationierte Fütterung

Bei dieser Methode erfolgt die Futterzuteilung nach dem Gewicht der Tiere mit Hilfe von bewährten Futtertabellen. Optimale Futterverwertung und gute Schlachtkörperqualität werden durch rationierte Fütterung begünstigt.

Fütterung zur beliebigen Aufnahme (ad-libitum-Fütterung)

Bei dieser Methode wird das Futter zur beliebigen Aufnahme angeboten (meist über Automaten). Sie ist bis zu einem Lebendgewicht von 50 bis 60 kg optimal, im späteren Mastabschnitt führt sie zunehmend zur Verfettung der Tiere.

Die Getreidemast

Die Schweinemast mit Getreide ist am weitesten verbreitet.

Vorteile sind:

- Geringer Arbeitsaufwand
- Leichte Mechanisierbarkeit
- Eine rationierte Fütterung ist leicht durchführbar

Methoden der Getreidemast

Alleinfuttermethode

Bei dieser Methode wird die Mast in Mastabschnitte unterteilt, in denen Futtermischungen mit unterschiedlichem Nährstoffgehalt angeboten werden:

Vormast **bis 50–60 kg LG**	**Endmast** **50–60 kg LG bis Mastende**
170 g XP in 12,4-13,0 MJ ME 4–6 % Rohfaser, 9,5 g Lysin 8,5 g Ca, 6,0 g P **ad-libitum-Fütterung möglich**	150 g XP in 12,4–13,0 MJ ME 4–6 % Rohfaser, 7,5 g Lysin 7,5 g Ca, 5,5 g P **rationierte Fütterung notwendig**

Grundstandardmethode

Der Grundstandard ist eine Futtermischung, welche über die gesamte Mastzeit in gleicher Menge und Zusammensetzung gefüttert wird (bis 1,5 kg täglich). Ab 35 kg Lebendgewicht erhalten die Mastschweine zusätzlich steigende Mengen an Getreideschrot oder Maiskornsilage. Diese Methode ist nicht sehr verbreitet, da sie schlecht mechanisierbar ist.

170–200 g XP in 11,9 MJ ME 5–6 % Rohfaser, 8,0 g Lysin 7,0 g Ca, 5,0 g P **1,5 kg Grundstandard**	**+**	Getreideschrot nach Rationsliste

Mast mit Maissilage

Verschiedene Silagen aus Körnermais gewinnen als Futterbasis in der Schweinemast laufend an Bedeutung (Einsparung der Trocknungskosten, geringeres Ernterisiko).

Maiskornsilage: Es werden nur die Körner geerntet und siliert (zirka 3 % Rohfaser in der TS).

Maiskorn-Spindelgemisch-Silage (Corn-Cob-Mix oder CCM-Silage) enthält Körner- und Spindelteile (4 bis 6 % Rohfaser in der TS).

Der Nährstoffgehalt hängt vom Wassergehalt (liegt im Durchschnitt bei 40%) und vom Spindel- und Lieschenanteil ab.

Mast mit Maiskornsilage

In der praktischen Fütterung wird eine bestimmte Menge Ergänzungsfutter (Grundstandard) gefüttert und dazu Maiskornsilage oder CCM-Silage in steigenden Mengen (nach Rationsliste) eingesetzt.

Fütterungsbeispiel

0,9 kg Grundstandard 220 g XP in 11,5 MJ ME 4–6 % Rohfaser, 12,0 g Lysin 1,5 kg Grundstandard	**+**	**Silage** von 0,4 kg bis 3,3 kg steigend

Mastabschnittmethode (Multiphasenfütterung)

Die Mast wird in zwei oder mehr Mastabschnitte mit verschiedenen Futtermischungen eingeteilt z. B.: 1. Abschnitt 30–70 kg LG, 2. Abschnitt 70 kg LG bis Mastende.

Flüssigfütterung in der Schweinemast

Bei dieser Fütterungsart wird eine pumpfähige Futtersuppe hergestellt, die den Tieren nach einer Rationsliste zugeteilt wird.

Vorteil

Gut mechanisierbar

Keine Staubprobleme

Gute Einsatzmöglichkeit von Molke und Magermilch

Nachteile

Erst ab 30–35 kg Lebendgewicht möglich

Flüssigentmistung ist notwendig (Spaltenböden)

Futterberechnung für Schweine

Futterberechnung für Schweine

Kraftfuttermischung für.. **Datum:** ....

Futtermittel	Anteil %	Gehalt im kg Futtermittel						Gehalt je Anteil						Preis	
		XP g	Lysin g	ME MJ	Rohf. g	Ca g	P g	XP g	Lysin g	ME MJ	Rohf. g	Ca g	P g	€ g	€ Ant.
Summe	100													---	
Richtwerte je kg Trockenfutter														---	---

Bemerkungen:..

....

8.4 Pflege- und Hygienemaßnahmen

Der Erfolg in der Schweinehaltung ist trotz optimaler Fütterung und Haltung nur dann gewährleistet, wenn entsprechende Vorkehrungen zur Gesunderhaltung des Bestandes getroffen werden. Hygienemaßnahmen dienen der Verminderung der Einschleppung und Weiterverbreitung von Krankheitserregern.

Stalldesinfektion

Mindestens einmal jährlich ist in jedem Schweinestall eine Stalldesinfektion notwendig. Ebenso ist jede Einzelbox vor jeder Neubelegung zu reinigen und zu desinfizieren. Vor jeder Desinfektion ist eine gründliche Reinigung (Hochdruckreiniger) durchzuführen.

Entwurmung

Das Vorhandensein von Würmern kann in Kotproben überprüft werden. Zuchtsauen sind spätestens vier Tage vor dem Umbuchten in die Abferkelbucht (zehn bis zwölf Tage vor dem Abferkeln) zu entwurmen. Bei Ferkeln erfolgt eine Wurmbekämpfung in der ersten Lebenswoche und vor dem Umstellen zur Mast. Bei Mastschweinen wird in der Vormast eine Wurmkur durchgeführt.

Räude- und Läusebekämpfung

Besonders Zuchtsauen werden beim Umbuchten gegen Räudemilben und Läuse behandelt (Waschen der Sauen mit geeigneten Mitteln).

8.5 Wichtige Aufzeichnungen

Die Tiere sind durch Ohrmarken oder Tätowierungen zu kennzeichnen. Aufzeichnungen sind die Grundlage für eine Erfolgskontrolle und für das Setzen züchterischer Maßnahmen. In der Ferkelproduktion werden Belegdaten, Abferkeltermine und die Ferkelzahl der einzelnen Sauen aufgeschrieben (Stallkalender, Stalltafeln, Deckregister usw.).In der Schweinemast werden Aufzeichnungen über Futterkosten, Futterverwertung, Zunahmen, Tierarztkosten usw. geführt.

Sauenplaner

sind EDV-Programme für die Verwaltung aller Schweine des Betriebes. Bestandesveränderungen, wie Geburten, Zu- und Verkäufe, Todesfälle usw. werden registriert und an die zentrale Schweinedatenbank gemeldet. Von allen Tieren werden alle wichtigen Leistungsdaten aufgezeichnet. Für Arbeiten im Stall (Belegungen, Geburten, Absetzen der Ferkel, Desinfektionsmaßnahmen, tierärztliche Maßnahmen usw.) werden Arbeitspläne erstellt und ausgedruckt.

Leistungsblatt für Zuchtsauen
Zucht Nr. ....

Wurf	Beleg-datum	Eber/KB	Abferkel-datum	lebend/ totgeb. Ferkel	Absetz-datum	abgesetzte Ferkel	Besonderheiten Anmerkungen

8.6 Der Schweinestall

Lernziele
Die Klimafaktoren im Schweinestall aufzählen
Aufstallungsformen für die Ferkelproduktion beschreiben
Aufstallungsformen für die Schweinemast beschreiben

8.6.1 Anforderungen an das Stallklima

	Temperatur	Luftfeuchtigkeit
Leere und tragende Sauen, Eber	16–18° C	
Säugende Sauen	16–18° C	
Ferkel im Ferkelnest (von der Geburt bis 20 kg LG abnehmend)	32–20° C	60–80 %
Mastschweine mit Einstreu	18° C	
Mastschweine auf Spaltenboden, strohlos	22° C	

Das Stallklima beeinflusst sehr wesentlich Gesundheit und Leistungsfähigkeit der Schweine und damit die Wirtschaftlichkeit der Schweinehaltung.

8.6.2 Aufstallungsformen für die Ferkelproduktion

Haltung leerer und tragender Sauen

Gruppenhaltung

Bei der Gruppenhaltung sollen sechs bis acht Sauen zu einer Gruppe zusammengefasst werden. Für die Fütterung sind jedoch Einzelfressstände notwendig.

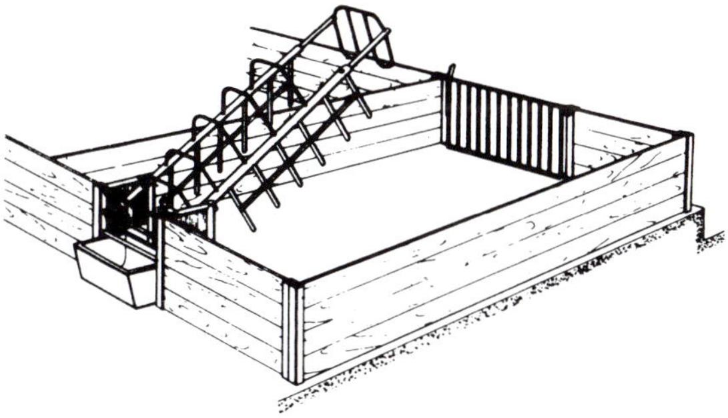

Abferkelbucht mit Abferkelkäfig

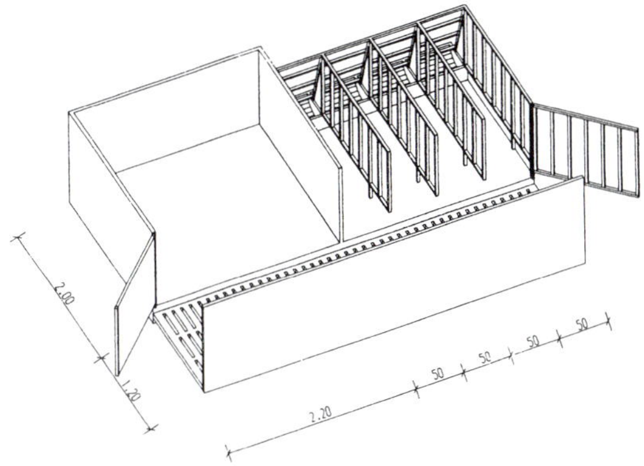

Dreiflächenbucht mit Einzelfressständen;Anordnung nebeneinander

Dreiflächenbucht mit Einzelfressständen

Diese besteht aus Liege-, Kot- und Fressbereich. Die drei Bereiche können neben- oder hintereinander angeordnet werden.

Haltung säugender Sauen

Die säugenden Sauen werden in Abferkelbuchten mit einem integrierten beheizbaren Ferkelnest gehalten. Ein Ferkelschutzkorb verhindert Ferkelverluste durch Erdrücken. Einstreu verbessert das Stallklima.

8.6.3 Aufstallungsformen für die Schweinemast

Für Mastschweine werden hauptsächlich Vollspaltenbodenställe ohne Einstreu verwendet. Dabei sind verschiedene Buchtenformen möglich (dänische Aufstallung – gemeinsamer Futtergang, schwedische Aufstallung – gemeinsamer Mistgang). Tiefställe mit Stroheinstreu sind für die Nutzung von Altgebäuden geeignet.

Nach dem Tierschutzgesetz sind bei allen Stallformen bestimmte Mindestmaße einzuhalten. Außerdem muss den Tieren Zugang zu Materialien, die sie untersuchen und bewegen können (Stroh, Sägemehl, Torf usw.) gewährt werden.

Wiederholungsaufgaben

1. Nenne verschiedene Formen der Schweinehaltung.
2. Gib Eigenschaften der österreichischen Schweinerassen an.
3. Nenne Leistungsprüfungen in der Schweinezucht.
4. Berichte über Zuchtmethoden in der Schweinezucht.
5. Eine Zuchtsau wurde am 15. Jänner ... belegt. Berechne den voraussichtlichen Geburtstermin.
6. Zähle Ernährungsansprüche der Schweine auf.
7. Nenne die Leistungsabschnitte in der Zuchtsauenfütterung.
8. Stelle für jeden Leistungsabschnitt einen Fütterungsgrundsatz auf.
9. Erkläre die kombinierte Fütterung der Zuchtsauen. Gib die täglichen Futtermengen an.
10. Erkläre die Zuchtsauen-Alleinfütterung. Gib Futtermengen an.
11. Nenne allgemeine Grundsätze für die Ferkelaufzucht.
12. Mit welchem Alter werden Ferkel abgesetzt?
13. Was versteht man unter dem „Frühabsetzen" der Ferkel?
14. Nenne Krankheitserscheinungen, die ein Eisenmangel bei Ferkeln verursacht.
15. Nenne wichtige Daten der Schweinemast.
16. Gib Möglichkeiten der Fütterungstechnik für die Schweinemast an.
17. Zähle Methoden der Getreidemast auf.
18. Wie füttert man Schweine bei Getreidemast?
19. Nenne wichtige Pflege- und Hygienemaßnahmen.
20. Nenne Anforderungen, die Schweine an den Stall stellen.
21. Zähle Aufstallungsformen für die Ferkelproduktion auf.
22. Nenne Aufstallungsformen für die Schweinemast.

9 Geflügelhaltung

Lernziele
Verschiedene Betriebsformen der Geflügelhaltung aufzählen
Die Aufgaben der Betriebsformen nennen

9.1 Formen der Geflügelhaltung

Geflügelhaltungsbetriebe haben sich weitgehend spezialisiert: Elterntierbetriebe erzeugen Bruteier. Brütereien dienen der Erzeugung von Küken:

Legehennenküken
für
Junghennenaufzuchtbetriebe
zur Erzeugung von legereifen Junghennen
Legebetriebe für die Eierproduktion

Masthybridküken
für
Mastbetriebe, die die Mast durchführen
Schlächtereien, die die Tiere schlachten
und vermarkten

In der Geflügelfütterung gewährleistet eine Intensivhaltung leistungsfähiger Hybridtiere (ganzjährige Stallhaltung, ausreichend große Bestände) eine entsprechende Rentabilität. Die Mast erfolgt fast ausschließlich über Vertragsproduktion (Mästerringe). Sowohl auf dem Eier- als auch auf dem Geflügelmastsektor wird der Markt von wenigen „Kopfbetrieben“ (Integratoren) beherrscht.

9.2 Geflügelzucht

Lernziele
Die Bedeutung von Legehybriden und Masthybriden nennen

Die Hühnerzucht wird heute zum überwiegenden Teil von Hybridzuchtfirmen durchgeführt. Hybriden entstehen durch ein besonderes Zuchtverfahren. Dabei werden geprüfte Inzuchtlinien gekreuzt, es entstehen besonders leistungsfähige Tiere (Hybriden). Eine Weiterzucht mit Hybriden ist jedoch nicht mehr möglich.

Anforderungen

Legehybriden
- Hohe Legeleistung
- beste Eiqualität
- gute Futterverwertung
- gute Gesundheit

Masthybriden
- hohe Wachstumsleistung
- gelbe Hautfarbe
- gute Futterverwertung
- gute Gesundheit

Bekannte Legehybriden		**Bekannte Masthybriden**
Weißeierleger	Brauneierleger	
Hisex weiß	Hisex braun	Ross 308, Cobb 500)

9.3 Geflügelfütterung

Lernziele
Anforderungen, die Hühner an das Futter stellen, nennen
Die Fütterung der Legehennen beschreiben
Über die Fütterung der Aufzuchtküken berichten
Die Fütterung der Mastküken beschreiben
Den Futterverbrauch je kg Zuwachs in der Mast angeben

9.3.1 Allgemeine Grundsätze

Geflügel hat keine Zähne, der Darmkanal ist besonders kurz, und eine bakterielle Verdauung findet nur in begrenztem Maß statt. Das Geflügel ist deshalb auf hochverdauliche, konzentrierte Futtermittel angewiesen.

Auch an den Wirkstoffgehalt des Futters stellt es hohe Ansprüche.

Die Erstellung von Futtermischungen erfordert großes Fachwissen und viel Erfahrung. Aus diesem Grund wird in der Geflügelfütterung fast nur Fertigfutter verwendet. Futtermischungen werden nach dem Gehalt an Nähr- und Wirkstoffen beurteilt.

Bestimmte Inhaltsstoffe sind daher auf dem Sackanhänger anzuführen:

- Rohproteingehalt in %
- Gehalt an umsetzbarer Energie (ME) in KJ (= Kilojoule)
- Rohfasergehalt
- Gehalt an Mineralstoffen und Vitaminen
- Gehalt an Xanthophyll (wichtig für die Gelbfärbung des Dotters)
- Gehalt an Coccidiostatika (zur Vorbeugung gegen Rote Kükenruhr)
- Gehalt an Antibiotika und anderen Wirkstoffen

In der Hühnerhaltung betragen die Futterkosten rund zwei Drittel der Produktionskosten. Für die Wirtschaftlichkeit sind die Futterkosten je kg Eimasse oder je kg Zuwachs entscheidend.

Die **Brutzeit** bei Hühnern beträgt 21 Tage.

9.3.2 Fütterung der Legehennen

In der **Legehennenfütterung** sind zwei Fütterungsmethoden gebräuchlich.

Bei der Legehennen-Alleinfütterung wird ein Legehennen-Alleinfutter gefüttert, das alle notwendigen Nähr- und Wirkstoffe enthält. Das Futter kann in mehliger oder in pelletierter Form in Futtertrögen oder in Automaten zur beliebigen Aufnahme angeboten werden. Außer Wasser und Muschelgrit sind keine anderen Futtermittel mehr notwendig.

Bei der **kombinierten Fütterung** wird Legemehl und wirtschaftseigenes Körnerfutter (Weizen, Gerste) gefüttert. Maiskörner müssen gebrochen werden. Im Sommer sind die Maisgaben einzuschränken, da die Hühner sonst verfetten.

Das Legemehl wird am besten in Automaten zur beliebigen Aufnahme angeboten (Tagesverbrauch zirka 6 bis 7 dag je Henne). Nachmittags werden in separaten Futtertrögen oder über die Einstreu 4 bis 5 dag Getreidekörner (Weizen, Mais, Hafer, Gerste) je Henne täglich zugefüttert. Quarzgrit, Muschelgrit und Wasser sind ebenfalls anzubieten.

Futterverbrauch der Legehennen

Erhaltungsfutter	bei 1,8 kg LG	25,0 kg Futter
(je Henne und Jahr)	bei 2,1 kg LG	28,6 kg Futter
Leistungsfutter	je Ei mit 56 g	70,0 g Futter
	je weiteres Gramm	+ 1,3 g Futter

Daraus ergibt sich für ein leichtes Legehuhn mit einer Leistung von 280 Eiern im Durchschnitt ein jährlicher Futterverbrauch von rund 45 kg. Der Futterverbrauch erhöht sich, wenn Futterverluste auftreten oder wenn der Stall zu kühl ist.

Leistungsdaten der Legehennen

Mit einem Alter von 20 bis 22 Wochen beginnen die Tiere zu legen. Der Höhepunkt ihrer Leistung liegt in der 28. bis 34. Lebenswoche, dann erfolgt ein langsamer Leistungsrückgang. Durch Haltungs- und Fütterungsfehler kann ebenfalls ein Leistungsrückgang eintreten. Die Legedauer beträgt rund 14 Monate.

Im Legejahr sollten je eingestallter Henne mindestens 250 Stück Eier mit einem Durchschnittsgewicht von über 60 Gramm erreicht werden. Außerdem werden eine hohe Bruchfestigkeit, eine kräftige Dotterfarbe und ein guter Geschmack der Eier verlangt.

9.3.3 Fütterung der Aufzuchtküken (bis acht Wochen Alter)

Die Küken sollen rechtzeitig bei einem anerkannten Zuchtbetrieb bestellt werden. Die Anzahl kann nach dem Bedarf an Junghennen errechnet werden. Für zehn Junghennen bestellt man elf sortierte Hennenküken. Gute Küken haben trockene, flaumige Daunen. Der Aufzuchtraum ist rechtzeitig herzurichten (auskalken, desinfizieren). Während der ersten Wochen ist eine Wärmelampe unbedingt notwendig.

Tabelle: Temperaturen unter der Wärmelampe

1. Woche	32° C	Die Raumtemperatur kann um zirka 10° C niedriger sein
2. Woche	30° C	
3. Woche	28° C	
4. Woche	25° C	
5. Woche	22° C	

Wenn es die Außentemperatur erlaubt, kann ab der 6. Woche die Heizung eingestellt werden. In der Kükenaufzucht wird meist ein Kükenaufzucht-Alleinfutter (gepresst oder granuliert) verwendet. Die Küken erhalten dieses Futter vom ersten Tag an. Während der ersten Tage gibt man das Futter auf Wellpappe, Brettchen oder in niedrige Futtertröge. Futter und Wasser sollen außerhalb des Wärmekegels der Wärmelampe angeboten werden Der Futterverbrauch bis zur 8. Woche beträgt zirka 2,0 kg.

9.3.4 Fütterung der Junghennen

Ab der 8. Woche wird dem Kükenaufzucht-Alleinfutter eine Woche lang Junghennen-Alleinfutter beigemischt. Ab der 9. Woche erhalten die Junghennen nur Junghennen-Alleinfutter. Am besten wird das Futter über Futterautomaten angeboten. Auch Trinkwasser soll über automatische Tränken ständig zur Verfügung stehen.

Wenn die Hennen zu legen beginnen, werden sie eiweißreicher gefüttert. Als Übergangsfutter gibt man Junghennen-Alleinfutter und Legehennen-Alleinfutter zu gleichen Teilen gemischt. Gleichzeitig bietet man Muschelgrit und Quarzsand zur freien Aufnahme an.

Die Legeperiode beginnt meist in der 22. Lebenswoche.

Der Futterverbrauch von der 8. bis zur 22. Woche beträgt zirka 8 kg.

9.3.5 Fütterung der Masthühner

Masttiere sollen ein helles Untergefieder aufweisen und müssen gesund, lebenskräftig und frühreif sein. Sie sollen eine gute Futterverwertung, eine gute Bemuskelung und die erwünschte Fleischfarbe haben.

Für die Mast werden nur Masthybriden verwendet. Bis zum Ende der 4. Lebenswoche erhalten die Tiere ein Kükenmast-Starterfutter (hoher Eiweiß- und Vitamingehalt) und anschließend bis Mastende ein Geflügelmast-Alleinfutter.

Entwicklung der Masttiere

Endgewicht	Mastdauer	Futterverwertung
1,0 kg	34 Tage	1,58 kg
1,3 kg	38 Tage	1,75 kg
1,5 kg	42 Tage	1,83 kg
1,7 kg	46 Tage	1,97 kg

Zwölf Stunden vor der Schlachtung soll kein Futter mehr angeboten werden.

9.4 Der Hühnerstall

Geflügelställe für den Selbstversorgerbetrieb

Sie sollen unbedingt vom Rinder- und Schweinestall getrennt sein. Geflügelställe müssen trocken, gut lüftbar und gut isoliert sein. Fensterfront und Auslauf sollen windgeschützt liegen, eine Reinigung und Desinfektion der Einrichtungsgegenstände soll leicht durchzuführen sein.

9.4.1 Geflügelställe für den Marktproduzenten

Ställe für Legehennen

Bei der **Bodenhaltung** hat sich der Tiefstreustall mit Kotgrube durchgesetzt. Über der Kotgrube werden die Fütterungseinrichtungen und die Sitzstangen angebracht. Die eingestreuten Flächen zu beiden Seiten dienen als Scharraum und zur Aufnahme der Legenester.

Besatzdichte: höchstens 7 Tiere je Quadratmeter.

Jedes Haltungssystem muss mit einer angemessenen Tränkevorrichtung und Sitzstangenausgestattet sein.

Bei der **Freilandhaltung** ist eine entsprechende Auslauffläche (mindestens 10 Quadratmter je Henne) notwendig.

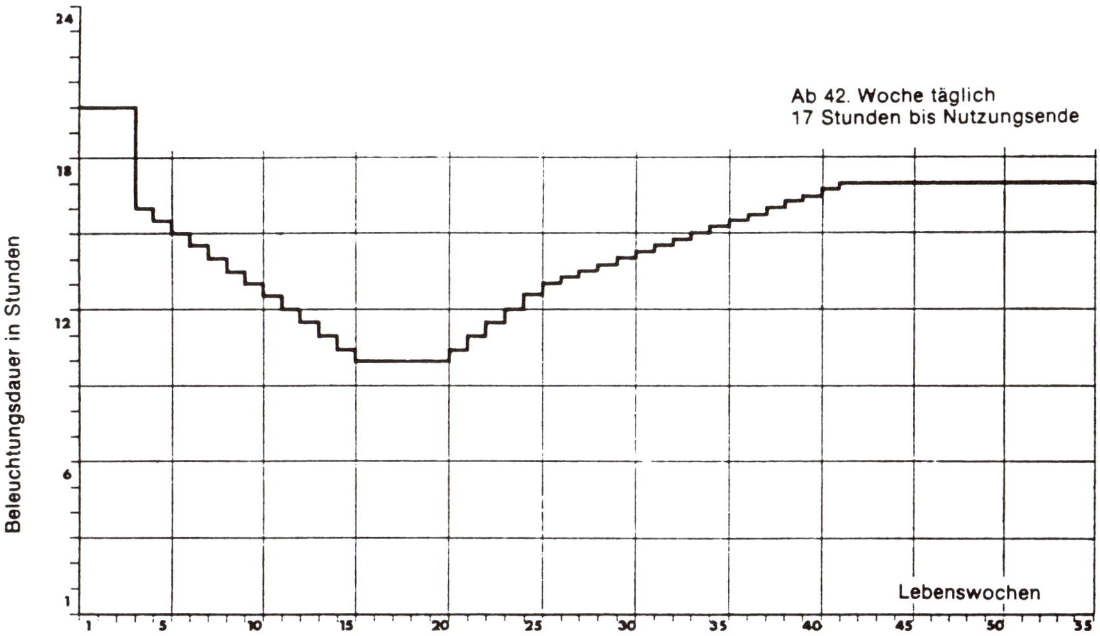

Lichtprogramm für den Dunkelstall

Bei Fensterstallungen soll der Tag in der Aufzucht nicht länger und in der Legeperiode nicht kürzer werden.

Ställe für Masthühner

Für Masthühner wird hauptsächlich Bodenhaltung mit Tiefstreu gewählt.

Wiederholungsaufgaben

1. Nenne verschiedene Betriebsformen der Geflügelhaltung.
2. Nenne bekannte Legehybriden und Masthybriden.
3. Gib allgemeine Grundsätze für die Geflügelfütterung an.
4. Welche Angaben enthält ein Sackanhänger für Geflügelfutter?
5. Berichte über die Fütterung der Legehennen.
6. Welche Eierleistung soll eine Legehenne jährlich bringen?
7. Erkläre die Fütterung der Aufzuchtküken.
8. Erkläre die Fütterung der Junghennen.
9. Berichte über die Fütterung der Masthühner.
10. Nenne Möglichkeiten der Haltung von Hühnern.

10. Alternativen in der Tierhaltung

10.1 Schafhaltung

Lernziele
Die Fortpflanzung betreffende Daten der Schafe nennen
Die Merkmale der wichtigsten Schafrassen aufzählen
Fütterungsgrundsätze für Mutterschafe nennen
Die Lämmermast erklären
Die Haltungsformen für Schafe nennen

Wichtige Daten, die die Fortpflanzung betreffen

Geschlechtsreife	6 bis 18 Monate
Zuchtreife	7 bis 20 Monate
Zykluslänge	16 bis 21 Tage
Brunstdauer	1 bis 2 Tage
Trächtigkeitsdauer	Ø 150 Tage

10.1.1 Wichtige Schafrassen in Österreich

Bergschaf: ist ein mittelgroßes bis großes Schaf mit schmalem, stark geramstem (vorgewölbtem) Kopf und Hängeohren. Das Fell ist weiß. Bei richtiger Haltung sind zwei Lammungen im Jahr möglich (asaisonal, d. h., es kann das ganze Jahr über belegt werden). Das Bergschaft ist als Muttertier für die Lammfleischerzeugung sehr gut geeignet.

Schwarzkopfschaf: ist ein sehr wüchsiges Fleischschaf mit gut ausgebildeten Fleischteilen. Der Kopf und die Füße sind schwarz, die Wolle ist weiß. Die Widder dieser Rasse eignen sich ausgezeichnet als Vatertiere für Kreuzungen mit Bergschafen.

Merinolandschaf: ist ein mittelgroßes, rahmiges Schaf mit breiten, leicht hängenden Ohren. Das Tier ist weiß und hat eine feine Wolle (beste Wollqualität). Das Merinolandschaf ist ebenfalls als Muttergrundlage für Kreuzungen mit einem Fleischwidder einsetzbar (asaisonale Brunst).

Texelschaf: Frühreife, fleischwüchsige Rasse aus den Niederlanden (Insel Texel). Hervorragende Schlachtkörperqualität.

Ile de France: Hervorragende Fleischrasse aus Frankreich. Widder für Kreuzungen gut geeignet.

Das Milchschaf

Diese Rasse bringt den höchsten Ertrag je Schaf und Jahr. Die Schafkäseerzeugung erfordert jedoch einen hohen Arbeitsaufwand. Das Milchschaf hat eine saisonale Brunst, d. h., es kann nur einmal pro Jahr gedeckt werden und lammen (ein bis drei Lämmer).

10.1.2 Fütterung der Mutterschafe

Stallfütterung

Leere und niedertragende Schafe

In diesem Stadium genügt zur Deckung des Nährstoffbedarfes eine Fütterung mit Heu (1,5 kg Heu oder 1,3 kg Heu + 0,2 kg Stroh).

Hochtragende Schafe (in den letzten sechs Wochen der Trächtigkeit)

Während dieser Zeit nimmt das Muttertier bis zu 10 kg Lebendgewicht zu. Eine bessere Nährstoffversorgung wirkt sich auf Lebenskraft und Geburtsgewicht der Lämmer positiv aus. Folgen einer zu geringen Nährstoffversorgung während dieser Zeit sind Frühgeburten und höhere Aufzuchtverluste. In diesem Zeitraum ist eine Kraftfuttergabe notwendig. Ebenso ist auf eine ausreichende Mineralstoff- und Vitaminversorgung zu achten (20 g vitaminierte Mineralstoffmischung je Schaf täglich zufüttern).

Rationsbeispiel: 1,4 kg Heu
0,3 kg Getreide
0,2 kg Trockenschnitte

Säugende Schafe

Die Entwicklung der Lämmer während der ersten Lebenswochen wird durch die Milchleistung der Mutter beeinflusst. Das Lamm kann erst ab der 7. bis 8. Lebenswoche ohne Muttermilch seinen Nährstoffbedarf decken. Bis zu diesem Zeitpunkt muss die Mutter die gleiche Ration wie in der Hochträchtigkeit erhalten. Bis zu einem Gewicht von zirka 20 bis 23 kg bleibt das Lamm bei seiner Mutter. Dann wird es von der Mutter getrennt (entwöhnt).

Zur Zeit des Deckens erhalten die Tiere zirka 0,1 bis 0,5 kg Kraftfutter. Dadurch wird die Reifung mehrerer Eizellen gefördert und die Rate von Zwillings- und Drillingsgeburten erhöht.

Weidehaltung

Im Frühjahr werden die Schafe, sobald es die Witterung erlaubt, auf die Weide getrieben, wo sie bis zum Herbst und oft bis zum Wintereinbruch bleiben. Ab einem Grasbestand von 6 cm Höhe kann beweidet werden. Ab etwa 25 cm Höhe geht durch Weideverluste mehr verloren, als abgeweidet wird. Diese Weidefläche soll in mindestens sieben bis neun Koppeln unterteilt sein. Pro Hektar können acht bis zehn Mutterschafe gehalten werden. Bei guter Weide sind keine Kraftfuttergaben an die Mutterschafe notwendig.

10.1.3 Lämmeraufzucht

Das Geburtsgewicht der Lämmer liegt zwischen 4,5 und 5,5 kg. Die Lämmer sollen nach der Geburt so bald als möglich Biestmilch aufnehmen (Schutzstoffe). Ein frühzeitiges Beifüttern von Kraftfutter und Heu fördert die Pansenentwicklung. Kraftfutter soll den Lämmern zur freien Aufnahme getrennt von den Mutterschafen angeboten werden (Lämmerschlupf). Es sollte 130 bis 140 g XP und 11,5-12,5 MJ ME enthalten. Die Säugezeit dauert bei anschließender Kraftfuttermast 4 bis 5 Wochen, bei anschließender Weidemast 6 bis 8 Wochen.

10.1.4 Lämmermast

Der Konsument bevorzugt junges Lammfleisch. Das Hauptwachstum erfolgt vor der Geschlechtsreife. Nach der Geschlechtsreife nimmt die Entwicklung des Fettgewebes stark zu. Je nach betrieblichen Gegebenheiten (Futtergrundlage, Arbeitskräfte) werden verschiedene Mastverfahren angewendet:

Bei der Kraftfuttermast wird nach einer Aufzuchtperiode von zirka zwei Monaten mit Kraftfutter weiter gemästet. Das Mastendgewicht beträgt 35 bis 40 kg.

Bei der Weidemast werden die Tiere nach der zwei Monate dauernden Aufzuchtperiode auf der Weide weiter gemästet. Anschließend erfolgt eine kurze Stallendmast (zirka vier Wochen). Mastendgewicht 45 bis 50 kg. Die Schlachtausbeute beträgt bei Lämmern zirka 45 bis 50 %.

Notwendige Pflegearbeiten

Scheren: Das Bergschaf wird zweimal pro Jahr geschoren, die anderen Rassen meist nur einmal (im Frühjahr).

Klauenpflege: Ungenügende Klauenpflege kann zum Auftreten der Moderhinke führen.

Entwurmen: Mindestens zweimal pro Jahr müssen alle Tiere entwurmt werden. Behandlung gegen Außenparasiten (Zecken, Läuse, Räudemilben) ist jährlich mindestens einmal durchzuführen.

10.1.5 Der Schafstall

Der Neubau eines Schafstalles sollte gut durchdacht werden. Es genügt oft die Adaptierung eines Altgebäudes. Der Stall muss trocken und zugfrei sein.

Platzbedarf:

Mutterschafe	1,0 bis 1,2 m^2 je Tier
abgesetzte Lämmer	0,5 m^2 je Tier

10.2 Pferdehaltung

Lernziele
Die Fortpflanzung betreffende Daten der Pferde nennen
Die wichtigsten Pferderassen aufzählen
Fütterungs- und Haltungsgrundsätze für Pferde nennen

Wichtige Daten, die die Fortpflanzung betreffen

Geschlechtsreife	12 bis 18 Monate	Brunstdauer	7 bis 9 Tage
Zuchtreife	24 bis 48 Monate	Trächtigkeitsdauer	bis 366 Tage
Zykluslänge	19 bis 24 Tage		(± 1 Tag)

10.2.1 Die wichtigsten Pferderassen

Vollblutpferde

sind edle, zarte Pferde, die als Renn- und Reitpferde verwendet werden. Dazu zählen das Arabische Vollblut und das Englische Vollblut.

Warmblutpferde

sind schlanke, große Pferde, die als Reit- und Wagenpferde verwendet werden. Die bekanntesten sind Hannoveraner und Trakehner.

Kaltblutpferde

sind schwere Arbeitspferde mit einem gedrungenen Körper. Am bekanntesten sind die Noriker.

Haflinger

sind kleine Reit- und Arbeitspferde. Kennzeichen sind die hellbraune Farbe und die helle Mähne.

Kleinpferde

sind kleine, anspruchslose Pferde. Dazu zählen: Isländer, Shetland-Pony.

10.2.2 Fütterungsgrundsätze

Heu und Hafer sind die traditionellen Futtermittel in der Pferdefütterung. Weiters sind junges Gras, gute Silagen, Rüben, Kleien, Trockenschnitte und Ölschrote für die Pferdefütterung geeignet.

Wegen des kleinen Magens kann das Pferd nur verhältnismäßig kleine Futtermengen aufnehmen. Es muss daher wenigstens drei- bis viermal täglich gefüttert werden. Der Nährstoffbedarf für die Leistung wird durch Kraftfuttergaben abgedeckt (bis 4 kg je Tier täglich). Zur Mineralstoffversorgung sollen Mineralstoffmischungen und Salzlecksteine angeboten werden.

10.2.3 Haltungsgrundsätze

Pferde werden in Boxen gehalten. Pferdeställe müssen eingestreut werden, weil Pferde streulose Haltungsformen nicht vertragen. Pferde brauchen regelmäßig Bewegung.

10.3 Enten

Gemästete Jungenten können bei entsprechender Vermarktung eine zusätzliche Einnahmequelle darstellen. Sie können das ganze Jahr über abgesetzt werden.

Besonders geeignet sind:

- Pekingente
- Flugente (= Warzenente, Moschus- oder Türkenente)

Aufzucht der Enten

Während der ersten Lebenstage sind Entenküken sehr wärmebedürftig (Aufzuchttemperatur mindestens 30° C – Wärmelampe). Als Einstreu sind Hobelspäne oder Strohhäcksel besonders geeignet. Frisches Wasser und gute Stalllüftung sind notwendig.

Die Fütterung erfolgt während der Aufzucht mit einem zugekauften Starter, der in Trögen oder Futterautomaten zur beliebigen Aufnahme angeboten wird (Verbrauch insgesamt 2 kg je Küken).

Endmast der Enten

Anschließend an die Aufzucht erfolgt eine intensive Mast, so dass die Tiere mit einem Alter von 8 bis 9 Wochen schlachtfertig sind (Lebendgewicht zirka 2,8 kg, Schlachtgewicht zirka 2 kg).

Die Endmast erfolgt am besten in einem eingestreuten Tieflaufstall, wobei Fressplatz und Liegeplatz durch eine Trennwand geteilt sein sollen (weniger Verschmutzung). Die Fütterung erfolgt mit einem zugekauften Endmastfutter oder mit einem selbst gemischten Kraftfutter (25 % Eiweißkonzentrat, 75 % Weizen, Gerste, etwas Mais).

Platzbedarf: Es dürfen max. 25 kg Enten je m^2 gehalten werden. Je Ente ist ein Auslauf von 2 m^2 notwendig.

Vor jeder Neubelegung ist eine gründliche Stallreinigung und Desinfektion durchzuführen.

10.4 Gänse

Die Nachfrage nach frischem Gänsefleisch ist seit einigen Jahren steigend.

Folgende Rassen werden empfohlen:

Rasse	Farbe	Lebendgewicht
Emdener Gans	weiß	9 –10 kg
Pommersche Gans	weiß-gescheckt	7– 8 kg
Toulouser Gans	grau	8 – 9 kg
Diepolzer Gans	grau	5 – 6 kg
Höckergans	graubraun	5 – 6 kg

Für die Gänsemast sind Kreuzungen oder Hybriden besonders geeignet.

Aufzucht der Gänse

Die Aufzucht umfasst die ersten 4 Wochen. Während der ersten Lebenstage brauchen die Küken viel Wärme (zirka 32° C). Die Küken werden in einem Ring (8–10 Küken je m^2) mit Wärmelampe gehalten. Einstreu: Hobelspäne oder Strohhäcksel.

Warzenenten

Weiße Hausgänse

Frisches Wasser ist in ausreichender Menge notwendig.

Ein Auslauf von 10 m² je Gans ist verpflichtend. Gänseküken sind sehr empfindlich. Sie dürfen nicht nass werden.

Gefüttert wird ein Starterfutter für Wassergeflügel, das während der ersten Tage in Eierkartons und später in geeigneten Futtertrögen zur beliebigen Aufnahme angeboten wird.

Futterverbrauch: zirka 4 kg je Tier.

Die Mast der Gänse

Bei der Intensivmast erfolgt die Fütterung anschließend an die Aufzucht mit einem selbst gemischten Kraftfutter (25 % Eiweißkonzentrat, 75 % Getreide), das in Futterautomaten zur beliebigen Aufnahme angeboten wird.

Reine Stallhaltung, Stalltemperatur zirka 15° C.

Mastendgewicht: 4,5–5,5 kg lebend.

Alter bei der Schlachtung: zirka 10 bis 12 Wochen.

Die Wirtschaftsmast ist eine Kombination von Intensivmast und Freilandmast. Nach der Aufzucht muss je Tier ein Auslauf 10m² angeboten werden (Weide = Auslauf). Während der Nacht werden die Gänse im Stall gehalten. Gefüttert wird Kraftfutter, dazu nehmen die Tiere auch Gras auf. Frisches Tränkwasser ist notwendig.

Mastendgewicht: 5 bis 5,5 kg.

Alter bei der Schlachtung: zirka 16 bis 18 Wochen.

Die Weidemast stellt die natürlichste Form dar. Nach der Aufzucht werden die Tiere auf der Weide gehalten (Gruppengröße 50 bis 100 Tiere).

Bis zur achten Woche erhalten die Gänse zusätzlich zur Weide Kraftfutter zur freien Aufnahme. Später genügt eine Zufütterung von 2 bis 3 dag Gerste oder Hafer je Tier. Ungefähr 4 bis 5 Wochen vor dem Schlachttermin wird den Tieren wieder Kraftfutter angeboten und die Tiere werden im Stall fertig gemästet.

10.5 Perlhuhn

Das schmackhafte Fleisch des graumelierten, in Südafrika beheimateten Huhnes war bereits bei den Ägyptern, Griechen und Römern sehr beliebt. Auch heute zählt das zarte Fleisch zu den teureren Fleischsorten.

Aufzucht

Perlhuhnküken sind ebenfalls sehr wärmebedürftig (Temperatur 34–35° C in der ersten Lebenswoche). Ein Kükenring und eine Wärmelampe sind nötig. Als Einstreu dienen Hobelspäne oder Strohhäcksel.

Platzbedarf: 20–25 Tiere je m² während der 1. und 2. Woche. Während der ersten Wochen wird ein Starterfutter (24 % XP und 13,5 MJ ME/kg) zur freien Aufnahme angeboten. Wasser erhalten die Tiere über Stülptränken.

Perlhuhn

Mast

Die Mast erfolgt in einem geschlossenen Stall (Perlhühner sind flugfähig). Platzbedarf zirka 7 Tiere je m^2.

Gefüttert wird eine selbst erstellte Futtermischung (30 % Eiweißkonzentrat, 70 % Getreide) zur beliebigen Aufnahme.

Mastdauer: zirka 12 Wochen.

Schlachtgewicht: zirka 1,30 kg.

10.6 Kaninchen

Kaninchenfleisch zählt zu den echten Spezialitäten am heimischen Markt. Hybridherkünfte bringen beste Ergebnisse. Eine Hybridhäsin bringt im Laufe eines Jahres 50–60 Jungtiere. Dies entspricht einer Fleischproduktion von zirka 80 kg Kaninchenfleisch je Muttertier.

Fütterung der Zuchttiere

Nicht säugende Häsinnen und Häsinnen im ersten Drittel der Trächtigkeit verfetten leicht. Sie erhalten daher nur 130–150 g Alleinfutter für Zuchtkaninchen.

Tragende Häsinnen erhalten in der zweiten Hälfte der Trächtigkeit Alleinfutter für Zuchtkaninchen zur beliebigen Aufnahme. Der Futterverzehr beträgt 170–200 g je Tier und Tag.

Ab dem 14. Tag nach dem Decken kann die Trächtigkeit durch Abtasten der hinteren Bauchpartie festgestellt werden. Säugende Häsinnen erhalten ebenfalls Alleinfutter für Zuchtkaninchen zur beliebigen Aufnahme. Mit einem Alter von 3 bis 4 Wochen werden die Jungtiere abgesetzt. Während der Säugezeit braucht eine Häsin etwa 350–400 g Alleinfutter täglich.

Fütterung der Masttiere

Die Mast dauert zirka bis zur 11. Lebenswoche; dabei erreichen die Tiere ein Endgewicht von zirka 2,5 kg. Das Mastendgewicht sollte 50–60 % des Gewichtes der Muttertiere nicht überschreiten (Verfettung).

Kaninchen

Gefüttert wird ein Alleinfutter für Mastkaninchen zur beliebigen Aufnahme.

Im Maststall sollte die Stalltemperatur bei bis zu 6 Wochen alten Kaninchen 20° C nicht unterschreiten.

Für frisches Trinkwasser ist zu sorgen.

11 Tiergesundheit

Lernziele
Anzeichen von Krankheiten bei Tieren nennen
Maßnahmen zur Gesundheitskontrolle aufzählen
Krankheitsursachen und Vorbeugungsmaßnahmen nennen
Das Verhalten beim Auftreten von Seuchen erklären
Wichtige Seuchen nennen
Bedeutende Rinderkrankheiten nennen
Bedeutende Schweinekrankheiten nennen
Die wichtigsten Geflügelkrankheiten aufzählen

11.1 Krankheitsursachen und Krankheitsvorbeugung

11.1.1 Krankheitsanzeichen

- Erhöhte Körpertemperatur
- Die normale Körpertemperatur beträgt
  Rinder: über 1 Jahr alt .... 37,5 bis 39,5° C
  unter 1 Jahr alt .... 38,5 bis 40,0° C
  Schweine .... 38,0 bis 40,0° C
  Geflügel .... zirka 41,0° C
- Erhöhte Puls- und Atemfrequenz
- Fressunlust
- Leistungsrückgang
- Abnormaler Kot und Harn
- Rinder zeigen außerdem ein trockenes Flotzmaul, kalte Ohren, Störungen beim Wiederkauen
- Schweine vergraben sich in der Streu und zeigen oft eine stoßende Atmung

11.1.2 Krankheitsursachen

- Fütterungsmängel: bewirken besonders Fruchtbarkeitsstörungen (Fehlen der Brunst, stille Brunst, unregelmäßige Brunst) und Stoffwechselstörungen
- Verletzungen: Klauen-, Euter- und Gelenksverletzungen
- Infektionen durch Bakterien und Viren
- Befall mit tierischen Schmarotzern (Würmer, Läuse, Milben)
- Erbfehler: z. B. Afterverschluss bei Schweinen
- Stresssituationen: Hitze, Kälte, Transport, Futterwechsel

11.1.3 Krankheitsvorbeugung

- Hygiene im Stall: Ställe regelmäßig reinigen und desinfizieren.
- Bedarfsgerechte Versorgung mit Nährstoffen, Mineralstoffen und Vitaminen.
- Vorbeugende Schutzimpfung:
  Aktive Schutzimpfung: Der Körper wird durch Einimpfung abgeschwächter Erreger zur Produktion von Abwehrstoffen angeregt.

Passive Schutzimpfung: Dem Körper werden Immunstoffe eingeimpft. Rasche Wirkung.

- Behördliche Seuchenbekämpfungsmaßnahmen: Diese werden durch das Tierseuchengesetz geregelt.
- Inanspruchnahme spezieller Gesundheitsdienste: z. B. Tiergesundheitsdienst, Eutergesundheitsdienst, Schweinegesundheitsdienst,
- Artgerechte Haltung und Pflege

11.1.4 Die Stallapotheke

In jedem Stall soll eine Stallapotheke vorhanden sein. Darin sollen die wichtigsten Medikamente, Desinfektionsmittel sowie Geräte für die erste Hilfe aufbewahrt werden. Sie ist stets sauber zu halten.

Die Stallapotheke sollte enthalten:

- Desinfektionsmittel, z. B. Lysol, Formalin, Creolin usw.
- Jodtinktur für die Nabeldesinfektion
- Holzteer für die Klauenbehandlung
- Wasserstoffsuperoxyd für die Wundreinigung
- Essigsaure Tonerde für Umschläge
- Mittel gegen Blähungen
- Tierkohle gegen Verdauungsstörungen
- Kälberstricke mit Zughölzern

11.2 Die wichtigsten Erkrankungen der Tiere

11.2.1 Meldepflicht von Tierseuchen

Tierseuchen sind ansteckende Krankheiten, die zahlreiche Bestände weiter Gebiete befallen. Ihre Bekämpfung ist durch das Tierseuchengesetz geregelt. Viele Seuchen sind anzeigepflichtig.

Zu den anzeigepflichtigen Seuchen zählen

- Maul- und Klauenseuche
- Milz- und Rauschbrand
- Tollwut
- Rindertuberkulose
- Rotlauf der Schweine
- Schweinepest, Schweineseuche und ansteckende Schweinelähmung
- Geflügelpest und Geflügelcholera

Die Anzeige erfolgt beim Gemeindeamt. Zur Anzeige sind der Tierarzt, der Tierbesitzer und das Betreuungspersonal verpflichtet. Nach der Anzeige ordnen Bürgermeister und Amtstierarzt Bekämpfungsmaßnahmen an.

11.2.2 Die bedeutendsten Tierseuchen

Maul- und Klauenseuche (MKS)

Anzeichen:	Appetitlosigkeit, Fieber, Speichelfluss, Bläschen an Maul, Klauen und Zitzen
Bekämpfung:	Schutzimpfung, Keulung erkrankter Bestände

BSE (Bovine Spongiforme Enzephalopathie) „Rinderwahnsinn“

Darunter versteht man eine chronisch verlaufende Infektionskrankheit des Gehirn- und Rückenmarks bei Rindern. Erkrankte Tiere werden schreckhaft, nervös und aggressiv. Sie verlieren die Orientierung und leiden unter Gleichgewichtsstörungen. Die Krankheit endet immer tödlich. Die ersten BSE Fälle wurden 1985 in Großbritannien entdeckt.

Schutzmaßnahmen:

- Verbot der Verfütterung von tierischen Eiweißfuttermitteln an Rinder
- Anzeigepflicht
- BSE-Schnelltest bei allen geschlachteten Rindern mit einem Alter von über 30 Monaten.
- Risikomaterial (Hirn, Rückenmark, Darm) von Rindern und Schafen wird entfernt und verbrannt
- Bei Verdacht Hofsperre, die endgültige Diagnose erfolgt durch die Bundesanstalt für veterinärmedizinische Untersuchungen in Mödling. Wird der Verdacht bestätigt, werden alle Tiere des Betriebes getötet und entsorgt.

BVD/MD

Bei diesem Krankheitskomplex handelt es sich um eine weit verbreitete Viruserkrankung, die Schäden für die Rinderhalter verursacht. Die Krankheit hat zwei verschiedene Krankheitsbilder:

- **Bovine Virus Diarrhoe = Virus-Rinderdurchfall**
  Infektionen gibt es bei Kälbern, Jungrindern und erwachsenen Rindern. Infektionen verlaufen oft ohne Krankheitserscheinungen. Es können aber auch vorübergehend Durchfall, Fieber, Fressunlust, gestörtes Allgemeinbefinden, Husten und verminderte Milchleistung auftreten. Infektionen beeinträchtigen das Immunsystem, wodurch es zu Leistungsabfall und Empfindlichkeit für andere Krankheitserrger kommt. Bei Muttertieren kann das Virus die Frucht schädigen und bei Infektionen im ersten Trächtigkeitsdrittel erkennt das Immunsystem den Krankheiterreger nicht und bildet daher keine Antikörper aus. So entstehen Virusstreuer, die Krankheitserreger zeitlebens in großen Mengen ausscheiden.

- **Mucosal Disease = Schleimhauterkrankung**
  An dieser Form können nur Virusstreuer erkranken. Es entstehen Schleimhautschäden (Geschwüre) im gesamten Verdauungstrakt. Die Krankheit ist unheilbar und endet tödlich.
  Schadwirkungen durch das BVD-Virus in einer Herde: Verwerfensfälle, Nachgeburtsverhalten, Fruchtbarkeitsstörungen, Euterentzündungen, Milchzellzahlerhöhungen.

Bekämpfung: BVD-Bekämpfungs- und Überwachungsprogramm

Tuberkulose (TBC)

Anzeichen: Husten, Abmagerung, Durchfall
Vorbeugung: Zukauf nur aus TBC-freien Betrieben

Tollwut

Anzeichen: verändertes, abnormes Verhalten, Angriffslust, Schaum vor dem Maul, Lähmungen, Abmagerung, Tod
Vorbeugung: Bekämpfungsmaßnahmen in gefährdeten Gebieten beachten, keine Kadaver berühren

Vorsicht!
Tollwut ist auch auf den Menschen übertragbar.

Schweinepest

Anzeichen:	Hohes Fieber, blutiger Kot, blaurote Verfärbungen oder punktförmige Blutungen an Rüssel, Ohren und Unterbauch
Bekämpfung:	Anordnungen des Amtstierarztes befolgen

11.2.3 Die wichtigsten Rinderkrankheiten

Kälberdurchfall

Bei Durchfall der Kälber sofort Fieber messen. Wenn Fieber auftritt, sind Infektionen die Ursache (Tierarzt holen). Bei Durchfall ohne Fieber hilft meist eine Diätfütterung:

1. Tag: nur warmen Kamillentee, dem je Liter 9 g Kochsalz und eventuell 50 g Traubenzucker zugesetzt werden, verabreichen.
2. Tag: Kamillentee geben, langsam mit der Tränke wieder beginnen.

Kälberlähme

Diese Erkrankung tritt meist in der 1. bis 2. Lebenswoche auf.

Anzeichen:	Durchfall, Gelenkschwellung, oft Augenentzündung.
Vorbeugung & Bekämpfung:	Nabeldesinfektion, Biestmilch während der ersten Lebensstunden geben (Immunstoffe), Schutzimpfung; rasche Behandlung erkrankter Tiere.

Euterkrankheiten

Sie verursachen großen wirtschaftlichen Schaden.

Anzeichen:	Veränderte Milch, hohe Zellzahl in der Milch, harte, vergrößerte, heiße Euterviertel
Bekämpfung:	Hygieneprogramm anwenden, erkrankte Tiere zum Schluss melken, erkrankte Tiere durch den Tierarzt behandeln lassen.

Akutes Aufblähen

(Durch gärendes Futter: Klee, Raps usw.)

Anzeichen:	Aufwölbung des Bauches, Atembeschwerden, Tod
Vorbeugung & Bekämpfung:	Eine Heugabe vor der Grünfütterung mindert die Blähgefahr. Gärungshemmende Mittel eingeben, mit einer Schlundsonde die Gase entweichen lassen, Pansenstich auf der linken Bauchseite (Trokar).

Milchfieber (Festliegen nach der Geburt)

Anzeichen:	Unruhe, Versiegen der Milch, Festliegen
Bekämpfung:	P-reiche Mineralstoffmischung während der Vorbereitungsfütterung (regt Ca-Stoffwechsel an). Tierärztliche Behandlung.

Azetonämie

Anzeichen: Verminderte Futteraufnahme, Leistungsrückgang, Abmagerung.

Bekämpfung: Ausreichende Energieversorgung nach dem Abkalben, tierärztliche Behandlung.

11.2.4 Die wichtigsten Schweinekrankheiten

Ferkelgrippe (enzootische Pneumonie)

Diese äußert sich in einer Entzündung der Atemwege, besonders bei Saug- und Absetzferkeln; ansteckend.

Anzeichen: Fieber, Mattigkeit, stoßweiser Husten.

Maßnahmen: Zukauf nur aus gesunden Beständen, gutes Stallklima, erkrankte Tiere absondern; keine wirksame Behandlung möglich.

Schnüffelkrankheit

Anzeichen: Nasenentzündung, Wülste auf dem Nasenrücken, Verkrümmung des Oberkiefers.

Maßnahmen: Zukauf aus gesunden Beständen, bei Erkrankungsfällen alle Tiere ausmerzen, Stall desinfizieren.

Plötzlicher Herztod

Plötzlicher Herztod von Absetzferkeln, jungen Mastschweinen und Muttersauen.

Anzeichen: Keine.

Bekämpfung: Knappe Fütterung, richtige Eiweißversorgung, langsamer Futterwechsel.

Ödemkrankheit

Die Ödemkrankheit tritt meist in einem Alter von sieben bist 14 Wochen auf. Auslösend wirken Futterumstellungen, Bestandeswechsel und sonstige Stresssituationen.

Anzeichen: Schwellungen an Rüssel, Nasenrücken, Augenlidern; Fieber, Krämpfe, Lähmungen, Tod.

Bekämpfung: Reduzierte Fütterung am Tag des Absetzens und am Tag des Einstellens zur Mast. Einsatz von Medizinalfutter.

Milchfieber

Damit bezeichnet man einen Komplex von Krankheiten, die nach dem Abferkeln auftreten: MMA-Komplex = Gebärmutterentzündung + Gesäugeentzündung + Milchmangel.

Anzeichen: Fieber, Milchmangel (die Sau lässt die Ferkel nicht mehr an das Gesäuge).

Bekämpfung: Kraftfutter vor der Geburt reduzieren, suppig füttern, etwas Glaubersalz geben. Aufbau einer körpereigenen Abwehr (Jungsauen erhalten zirka drei Wochen vor dem Belegen Kot von Altsauen ins Futter), Medikamente bei der Geburt verabreichen.

11.2.5 Die wichtigsten Geflügelkrankheiten

Geflügelpest (anzeigepflichtig)

Anzeichen: Plötzliches Einstellen der Legeleistung. Durchfall, Krampfzustände, Tod. Kamm und Kehllappen verfärben sich blau bis schwarz.

Bekämpfung: vorbeugende Impfung: Töten und Verbrennen befallener Tiere, strenge Desinfektionsmaßnahmen.

Kokzidiose (Rote Kükenruhr)

Anzeichen: Besonders Jungtiere sind betroffen. Die Tiere zeigen Mattigkeit und einen schleimigblutigen Durchfall, sie verenden rasch.

Bekämpfung: Stalldesinfektion, Zukauf aus gesunden Beständen, Verwendung von Futtermitteln mit Coccidiostatikazusatz, tierärztliche Behandlung.

Pullorumseuche (Weiße Kükenruhr)

Sehr infektiöse Hühnerkrankheit

Anzeichen: Mattigkeit, Durchfall, Kloake gipsähnlich verklebt, rasches Verenden.

Bekämpfung: Zukauf aus gesunden Beständen, Desinfektion, Ausscheiden kranker Tiere.

Marekscher Geflügellähme

Anzeichen: Hängenlassen der Flügel, Gleichgewichtsstörungen, Lähmungserscheinungen.

Maßnahmen: verdächtige Tiere ausmerzen; eine Behandlung ist nicht möglich.

Verhaltensstörungen

Anzeichen: Federnfressen, gegenseitiges Zufügen von Verletzungen (Kannibalismus). Als Ursache werden Langeweile, Sauerstoffmangel, trockene Hitze usw. angenommen.

Maßnahmen: Überbesatz vermeiden, weniger Licht geben, verletzte Tiere sofort absondern.

11.3 Vorschriften für den Viehverkehr

Der Viehverkehr ist durch **gesetzliche Vorschriften** geregelt.

Viehmärkte, Tierschauen und Viehausstellungen unterstehen einer besonderen tierärztlichen Aufsicht. Besondere Vorschriften gibt es auch für die Reinigung und Desinfektion der Transportmittel.

Die Vieh- und Fleischbeschau hat bei Schlachtvieh, Stechvieh und nach Notschlachtungen zu erfolgen. Hausschlachtungen (Schweine, Kälber, Schafe) sind derzeit nicht beschaupflichtig.

Die Kadaver werden von Tierkörperverwertungsanstalten abgeholt.

11.3.1 Dokumente für den Viehverkehr

Mit der Tierkennzeichnungsverordnung wurde die Kennzeichnung von Tieren sowie das Führen von Bestandesaufzeichnungen EU-konform vorgeschrieben. Die Tiere sind mittels Ohrmarken oder Tätowierungen zu kennzeichnen. Die Kennzeichnung hat Folgendes zu beinhalten: AT (Zeichen für Österreich), Bundesland Nr. (z. B. 3 für NÖ) und die Betriebsnummer.

Die Freiheit von bestimmten anzeigepflichtigen Krankheiten (z. B. TBC, Bang, Leucose, IBR/IPV) muss für jedes Rind in einem Gesundheitszeugnis bestätigt werden. Um Einschleppungen von Krankheiten aus dem Ausland zu verhindern, werden Kontrollen durch Amtstierärzte am Abgangsort sowie auch am Bestimmungsort des Tiertransportes durchgeführt.

Wichtig: Bei allen Tierzukäufen das Gesundheitszeugnis verlangen!!!

11.3.2 Beförderungsvorschriften

Die Verladung von Tieren muss so erfolgen, dass eine Verletzung der Tiere und eine Beschmutzung anderer Straßenbenützer vermieden wird. Bei schlechter Witterung sind die Fahrzeuge mit Planen abzudecken (Höchstgeschwindigkeit bei Viehtransporten: 50 km/h).

Viehtriebe auf öffentlichen Straßen müssen durch Personen abgesichert werden. Nachts muss vor und nach der Herde eine Person mit einer Lampe gehen. Beim Umgang mit Stieren ist äußerste Vorsicht geboten. Stiere müssen mit Nasenring, Haltestange und Kette geführt werden.

Arbeitsaufgabe

- Wer führt die Vieh- und Fleischbeschau durch?
- Wo befindet sich die nächste Tierkörperverwertung?

Wiederholungsaufgaben

1. Nenne verschiedene Krankheitsanzeichen bei Tieren.
2. Gib einige Krankheitsursachen an.
3. Zähle Möglichkeiten zur Krankheitsvorbeugung auf.
4. Was soll eine Stallapotheke enthalten?
5. Wer ist zur Anzeige einer Tierseuche verpflichtet?
6. Nenne einige anzeigepflichtige Tierseuchen.
7. Nenne einige Kälberkrankheiten.
8. Nenne Anzeichen für Euterkrankheiten.
9. Gib Maßnahmen an, die beim akuten Aufblähen von Rindern helfen.
10. Wie könnte man dem Milchfieber der Kühe vorbeugen?
11. Nenne einige Ferkelkrankheiten.
12. Was versteht man unter dem MMA-Komplex?
13. Nenne wichtige Geflügelkrankheiten.
14. Gib einige Vorschriften für den Viehverkehr an
15. Zähle wichtige Dokumente für den Viehverkehr auf.

12 Fleischkunde

Lernziele
Die Fleischteile von Rind, Kalb und Schwein nennen
Über die Einstufung von Schlachtkörpern berichten
Hygienevorschriften nennen

12.1 Allgemeines

Durchschnittlicher Fleischverbrauch in Österreich

Geschlechtsreife	1959–63	1990–91	aktuell
Rindfleisch	14,7 kg	19,5 kg	...... kg
Kalbfleisch	3,3 kg	2,2 kg	...... kg
Schweinefleisch	33,7 kg	51,2 kg	...... kg
Geflügelfleisch	3,5 kg	13,7 kg	...... kg
Sonstiges	3,1 kg	5,7 kg	...... kg
Fleisch insgesamt	58,3 kg	92,6 kg	...... kg

Einteilung des Schlachtviehs:

- Groß- oder Schlachtvieh: erwachsene Rinder, Pferde
- Klein- oder Stechvieh: Kälber, Fohlen, Schweine, Schafe, Ziegen

Nährstoffgehalt von Fleisch

Fleisch besteht aus zirka:

- 50–70 % Wasser
- 18–26 % Eiweiß
- 2–22 % Fett

Die Zusammensetzung von Fleisch schwankt je nach Tierart sehr stark. Rindfleisch ist eiweißreicher als Schweinefleisch.

Schweinefleisch enthält mehr Fett. Auch die einzelnen Teilstücke eines Schlachtkörpers haben eine unterschiedliche Zusammensetzung.

12.2 Die Fleischteile des Kalbes

Kalbfleisch ist leicht verdaulich. Es wird daher besonders in der Diät- und Krankenkost verwendet.

12.3 Die Fleischteile des Rindes

Das Fleisch junger Rinder ist hellrot und feinfaserig. Bei älteren Tieren ist es dunkelrot bis braun gefärbt. Zwischen den Muskelfasern soll Fett eingelagert sein (Marmorierung).

Rindfleisch muss immer gut abhängen (Fleischreifung 1 bis 3 Wochen).

Fleischteile des Kalbes

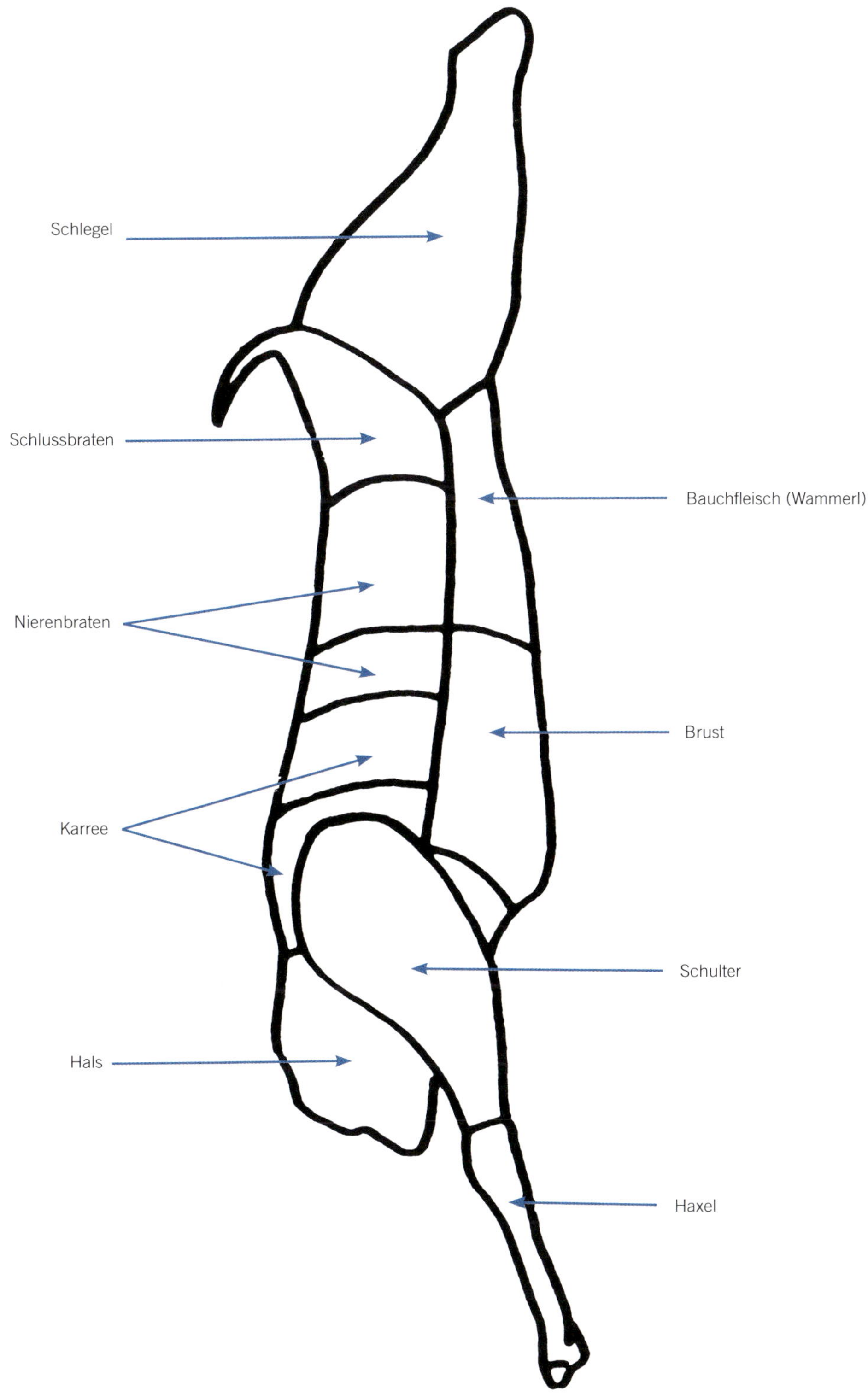

Fleischteile des Rindes
(die gerasterten Teile liegen an der Innenseite)

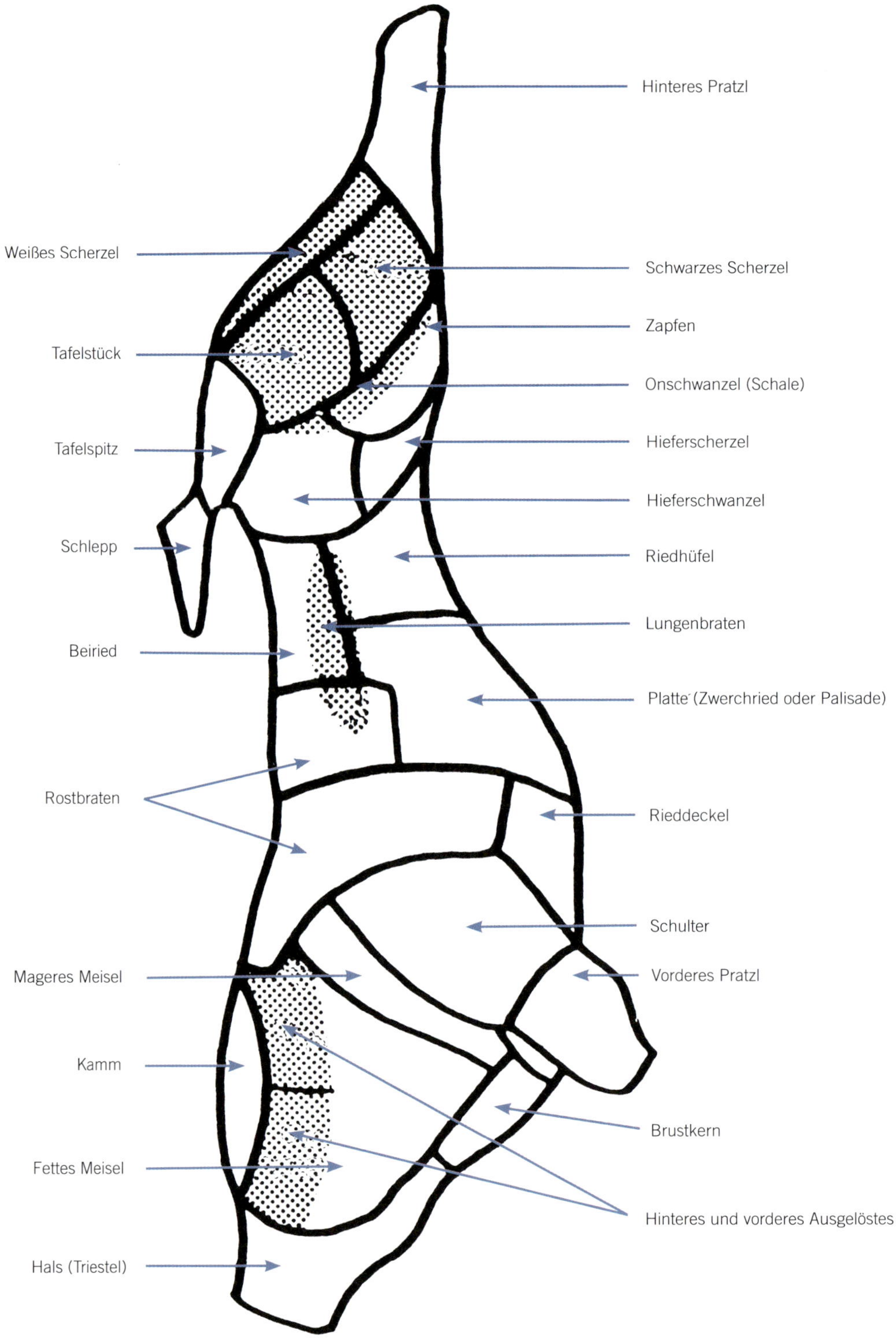

Zum vorderen Viertel gehören Schulter und Brustteile, zum hinteren Viertel gehören Knöpfel oder Keule, Beiried, Rostbraten und Lungenbraten.

Die Rückenteile Beiried, Rostbraten und Lungenbraten in einem Stück werden auch als Englischer bezeichnet. Englischer und Keule ergeben das Pistolenstück, auch Stutzen genannt.

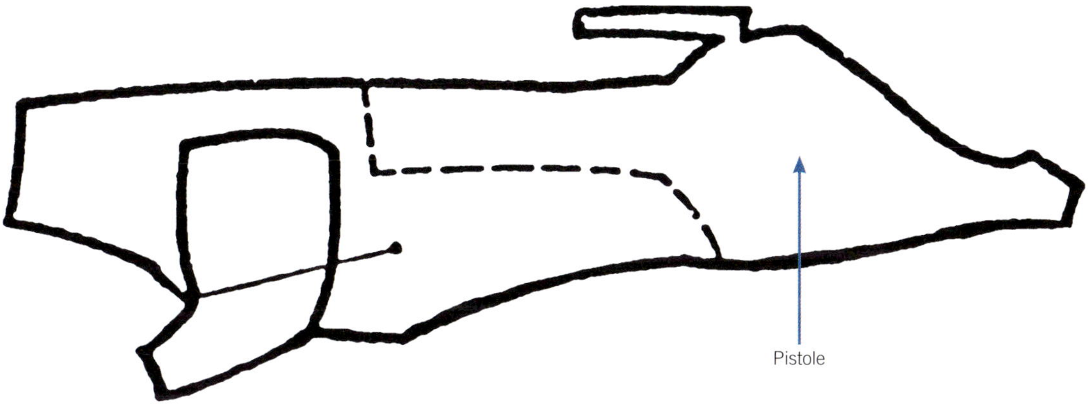

Pistolenanteil

12.4 Die Fleischteile des Schweines

Schweinefleisch ist fettreicher als Rind- und Kalbfleisch. Es ist daher schwerer verdaulich und hat einen hohen Sättigungswert.

12.5 Schlachtkörper- und Fleischqualität

12.5.1 Allgemeine Gesichtspunkte

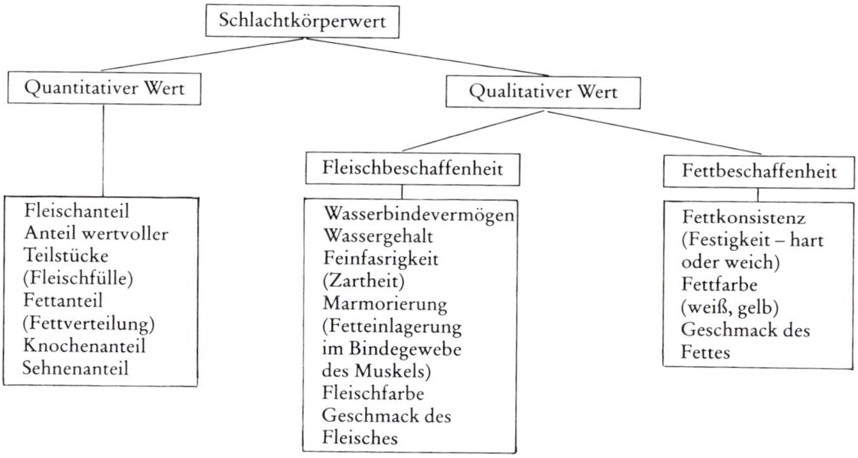

Fleischteile des Schweines

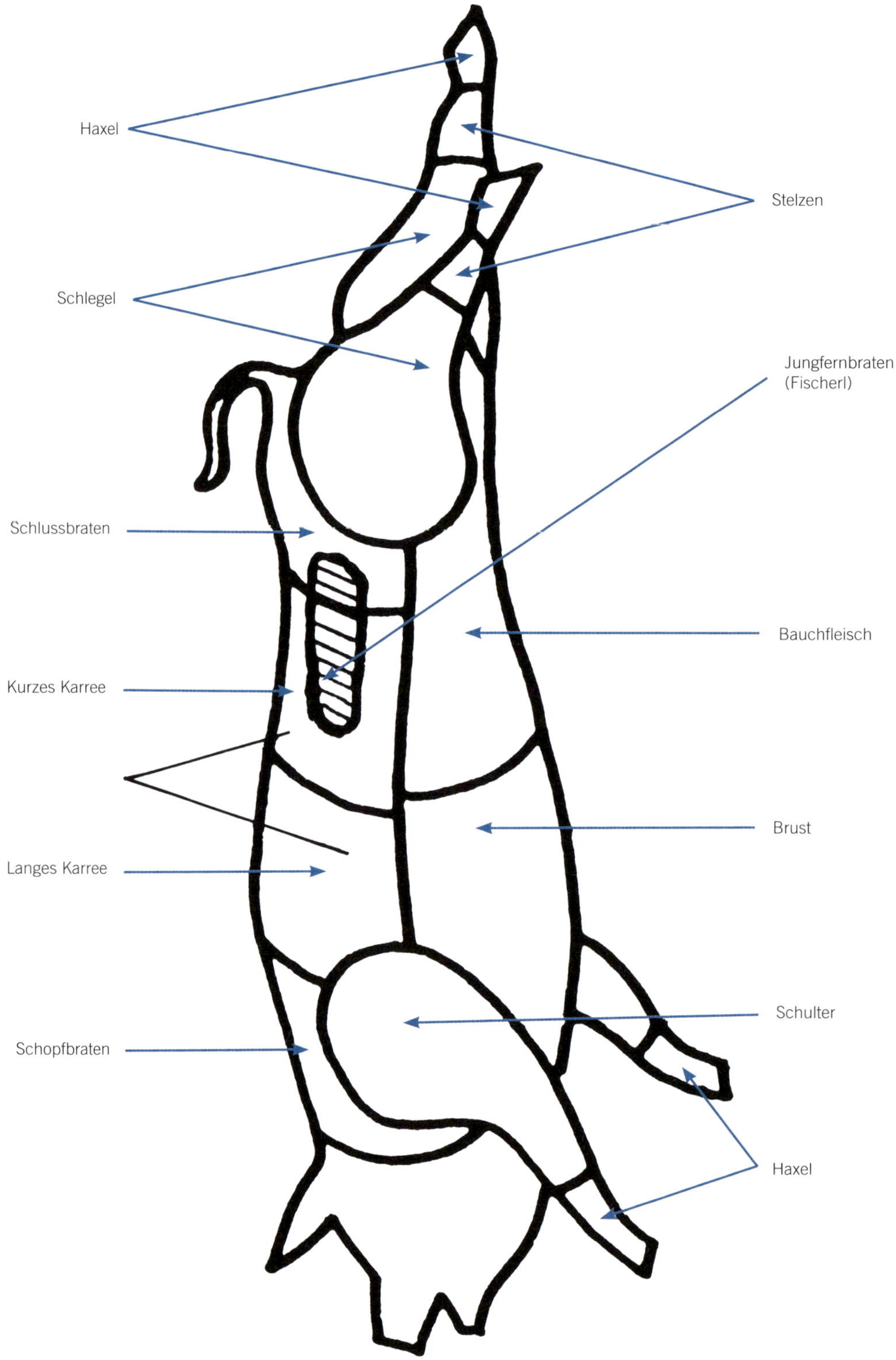

12.5.2 Qualitätsklassenverordnung beim Schwein

Schweinehälften im Sinne der Qualitätsverordnung sind der Länge nach geteilte Körper mit einem Zweihälftengewicht von mindestens 70 kg. Nicht abgespeckte Hälften mit Kopf, ohne Filz und Nieren.

Beim Schwein ist in der Totvermarktung eine Einstufung der Schlachtkörper in Qualitätsklassen vorgeschrieben.

Diese Einstufung erfolgt nach dem Zweipunktverfahren (ZP-Verfahren) mit der Ermittlung des Muskelfleischanteils (MFA).

Die Feststellung der Maße kann mit der Messkarte oder mit einem Klassifiziergerät erfolgen.

Auf der Messkarte sind waagrecht das Fleischmaß und senkrecht das Speckmaß angegeben.

- Speckmaß a: Speckdicke in mm, an der dünnsten Stelle des Specks (einschließlich Schwarte), im rechten Winkel gemessen über dem Lendenmuskel.
- Fleischmaß b: Die Stärke des Lendenmuskels in mm, im rechten Winkel gemessen vom vorderen Ende des Lendenmuskels zur oberen Kante des Wirbelkanals.

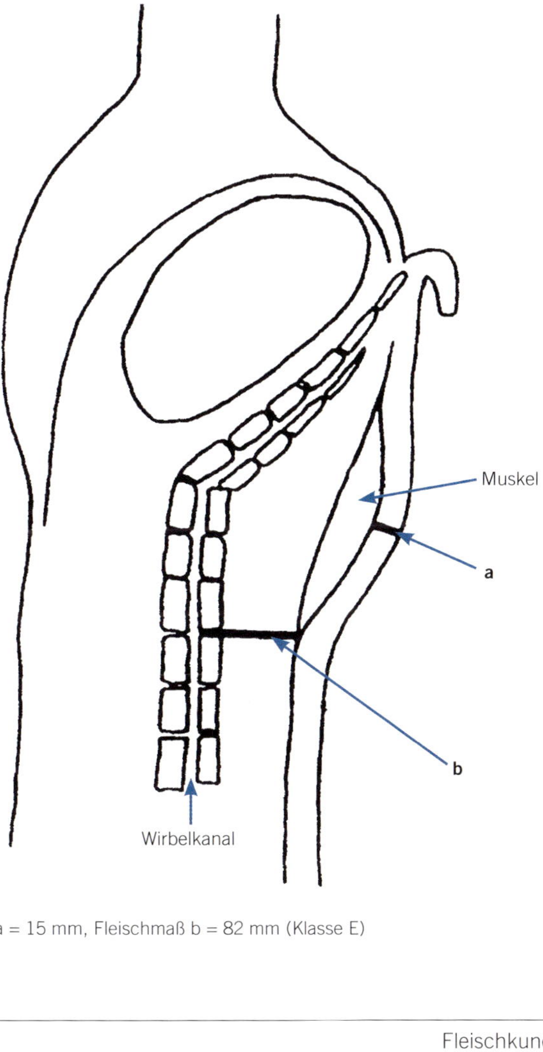

Beispiel: Speckmaß a = 15 mm, Fleischmaß b = 82 mm (Klasse E)

Schweinehälften mit einem Zweihälftengewicht von mehr als 130 kg sowie von Altschneidern und Sauen dürfen nur als Klasse „Z“ gekennzeichnet werden.

Schweinehälften müssen folgende Kennzeichnung aufweisen:

- Herkunft
- Qualitätsklasse
- Schlachtnummer

Außerdem werden die Schweine nach der Schlachtung für die Verrechnung gewogen (Warmgewicht).

12.5.3 Qualitätsmängel bei Schweinefleisch

- **PSE-Fleisch** (Weißfleischigkeit) ist hell, weich und wässrig. Dieser Fehler entsteht durch einen mangelhaften Bau der Muskelzellen, der besonders bei Schweinen mit einem geringem Fettanteil auftritt. Er ist genetisch bedingt. Die Feststellung erfolgt durch eine pH-Wert-Messung 45 bis 60 Minuten nach der Schlachtung.
- **DFD-Fleisch** ist dunkelrot, fester und trocken. Dieses Fleisch und Produkte daraus haben eine stark verminderte Haltbarkeit. Große Anstrengung der Tiere und grober Umgang mit den Tieren vor der Schlachtung begünstigen das Auftreten dieses Qualitätsmangels.

12.5.4 Qualitätsverordnung beim Rind

Rinderschlachtkörper im Sinne der Qualitätsklassenverordnung sind ganze Körper und Schlachtkörperhälften.

Kategorien der Schlachtkörper

Kategorien	Bezeichnung	Beschreibung
Jungrinder	Z	Schlachtkörper von nicht ausgewachsenen männlichen oder weiblichen Tieren mit einem Zweihälftengewicht von mehr als 150 kg
Jungstier	A	Schlachtkörper von ausgewachsenen jungen männlichen nicht kastrierten Tieren, bei denen die knorpeligen Enden der Dornfortsätze der vier vorderen Brustwirbel nicht mehr als Anzeichen einer Verknöcherung und die Dornfortsätze des fünften bis neunten Brustwirbels noch keine wesentliche Verknöcherung aufweisen
Stier	B	Schlachtkörper von anderen ausgewachsenen männlichen nicht kastrierten Tieren
Ochs	C	Schlachtkörper von ausgewachsenen männlichen kastrierten Tieren
Kuh	D	Schlachtkörper von ausgewachsenen weiblichen Tieren, die bereits gekalbt haben
Kalbin	E	Schlachtkörper von anderen ausgewachsenen weiblichen Tieren

Qualitätsklassen für Rinderschlachtkörper

1. Fleischigkeit

Fleischigkeits-klasse	**Bezeichnung**	**Ergänzende Bestimmungen**	
E vorzüglich	Außergewöhnliche Muskelfülle	Keule: stark ausgeprägt Rücken: breit und sehr gewölbt, bis in Schulterhöhe Schulter: stark ausgeprägt	Oberschale tritt stark über die Beckenfuge hinaus. Hüfte stark ausgeprägt.
U sehr gut	Sehr gute Muskelfülle	Keule: ausgeprägt Rücken: breit und gewölbt, bis in Schulterhöhe Schulter: ausgeprägt	Oberschale tritt über die Beckenfuge hinaus. Hüfte ausgeprägt.
R gut	Gute Muskelfülle	Keule: gut entwickelt Rücken: noch gewölbt, aber weniger breit in Schulterhöhe Schulter: ziemlich gut entwickelt	Oberschale und Hüfte sind leicht ausgeprägt.
O mittel	Durchschnittliche Muskelfülle	Keule: mittelmäßig entwickelt Rücken: mittelmäßig entwickelt Schulter: mittelmäßig entwickelt bis fast flach	Hüfte geradlinig.
P gering	Geringe Fleischfülle	Keule: schwach entwickelt Rücken: schmal mit hervortretenden Knochen Schulter: flach mit hervortretenden Knochen	

2. Fettgewebe

Fettgewebe-klasse	Bezeichnung	Ergänzende Bestimmungen
1 sehr gering	Keine bis sehr geringe Fettabdeckung	Kein Fettansatz in der Brusthöhle.
2 gering	Leichte Fettabdeckung; Muskulatur fast überall sichtbar	In der Brusthöhle ist die Muskulatur zwischen den Rippen deutlich sichtbar.
3 mittel	Muskulatur mit Ausnahme von Keule und Schulter fast überall mit Fett abgedeckt; leichte Fettansätze in der Brusthöhle	In der Brusthöhle ist die Muskulatur zwischen den Rippen noch sichtbar.
4 stark	Muskulatur mit Fett abgedeckt, an Keule und Schulter jedoch noch teilweise sichtbar; einige deutliche Fettansätze in der Brusthöhle	Fettstränge der Keule hervortretend. In der Brusthöhle kann die Muskulatur zwischen den Rippen von Fett durchzogen sein.
5 sehr stark	Schlachtkörper ganz mit Fett abgedeckt; starke Fettansätze in der Brusthöhle	Die Keule ist fast vollständig mit einer dicken Fettschicht überzogen, die Fettstränge sind nicht mehr sichtbar. In der Brusthöhle ist die Muskulatur zwischen den Rippen von Fett durchzogen.

12.6 Hygienevorschriften

12.6.1 Behandlung der Tiere vor der Schlachtung

- Der Transport ist für die Tiere eine Belastung. Daher die Verladung ruhig durchführen und den Tier- und Unfallschutz beachten.
- Die Tiere vor dem Transport nicht überfüttern.
- Die Tiere während des Transportes vor Kälte, Nässe usw. schützen.
- Transportfahrzeuge müssen für den Viehtransport zugelassen sein.
- Vor der Schlachtung sollen die Tiere ausruhen und aushungern. Dies verbessert das Ausbluten und die Fleischqualität.
- Betäubung und Tötung sind rasch und sicher durchzuführen.

12.6.2 Vieh- und Fleischbeschau

Das Tierseuchengesetz schreibt vor:

- In gewerblichen Schlachtbetrieben ist sämtliches Schlacht- und Stechvieh vor der Schlachtung einer Viehbeschau und nach der Schlachtung einer Fleischbeschau zu unterziehen (Tierarzt).
- Hausschlachtungen in der Landwirtschaft sind nur dann beschaupflichtig, wenn Teilstücke davon verkauft werden oder eine Verköstigung fremder Personen erfolgt.
- Notschlachtungen sind immer beschaupflichtig.

Bei der Fleischbeschau werden die Schlachtkörper mit verschiedenen Stempeln versehen.

12.6.3 Die Lebensmittelhygieneverordnung sowie Lebensmittelhygiene- und Verbraucherschutzgesetz

Sie enthalten wichtige Bestimmungen über Ausstattung und Desinfektion der Schlachträume, über die Durchführung der Schlachtung, über Fleischbehandlung und Beförderung von Fleisch usw.

13 Vermarktung tierischer Produkte

Lernziele
Die Vermarktungsformen für Rinder beschreiben
Die Vermarktungsformen für Schweine beschreiben

13.1 Vermarktung der Milch

Die Vermarktung wird nicht mehr durch Quoten geregelt. Jeder Milchlieferant trifft eine Vereinbarung mit „seiner" Molkerei.

13.2 Vermarktung von Rindern

Zuchtrinder werden über Zuchtviehversteigerungen, die von den Zuchtverbänden veranstaltet werden, vermarktet. Die Tiere werden bewertet und nach Zuchtwertklassen (bei Stieren) oder nach Bewertungsklassen (bei weiblichen Tieren) auf der Versteigerung angeboten. Die Daten der Tiere werden in einem Versteigerungskatalog angegeben. Ab-Hof-Verkäufe sind nur in Ausnahmefällen gestattet.

Ein Versteigerungskatalog für Zuchtrinder mit den aktuellen Daten und Erklärungen kann vom zuständigen Rinderzuchtverband besorgt werden.

Nutzrinder werden meist ab Hof verkauft. Gebietsweise gibt es auch noch eigene Nutzviehmärkte.

Schlachtrinder werden über Fleischhauer, Händler oder Genossenschaften vermarktet. Hausschlachtungen und Fleischverkauf sind ebenfalls möglich.

Kälber werden hauptsächlich über Nutzkälberversteigerungen abgesetzt.

Markenfleischprogramme

Die Konsumenten verlangen immer mehr Qualitätsfleisch aus heimischer Erzeugung. Sie wollen sicher sein, dass ihr Fleisch, das sie kaufen, aus einem durchgängig kontrollierten österreichischen Qualitätsfleischprogramm stammt. Aus diesem Grund wurden in den einzelnen Regionen Markenfleischprogramme entwickelt und die Betriebe werden ständig kontrolliert. Auch die AMA vergibt ein Gütesiegel für österreichisches Qualitätsfleisch.

Einige Beispiele für Markenfleischprogramme:

BOS, Styria-Beef, Beef-natur, Kärntner Almochsen, Waldviertler Milchmastkälber, Schneeberg-Beef usw.

Arbeitsaufgabe
Nenne ...
Versteigerungsorte für Zuchtrinder:
Versteigerungsorte für Kälber:
Beispiele für Markenfleischprogramme aus deinem Bundesland:

13.3 Vermarktung von Schweinen

Zuchtschweine werden hauptsächlich über die Schweinezuchtverbände im Internet vermarktet. Ebenso werden Ab-Hof-Verkäufe durchgeführt (besonders bei belegfähigen Jungsauen).

Ein Versteigerungskatalog für Zuchtschweine mit den aktuellen Daten und Erklärungen wird im Internet veröffentlicht.

Ferkel können über verschiedene Vermarktungswege abgesetzt werden: Ab-Hof-Verkauf, Verkauf auf Ferkelmärkten, Verkauf über Ferkelringe.

Bei Mastschweinen muss zwischen Lebend- und Totvermarktung unterschieden werden. Bei der Lebendvermarktung erfolgt der Verkauf ab Hof oder auf einem Markt. Als Verrechnungsbasis dienen das Lebendgewicht und der vereinbarte Preis je kg. Bei der Totvermarktung werden die Tiere geschlachtet (Fleischhauer, Schlachthöfe), bewertet und in Qualitätsklassen eingestuft. Da der Preis in Abhängigkeit von der Qualitätsklasse höher oder niedriger ist, bietet die Totvermarktung einen Anreiz zur Qualitätsproduktion. Die Preisbildung bei Mastschweinen wird vom freien Markt beeinflusst. Zur Preisstabilisierung werden bei Überangeboten Exporte und Einlagerungen, bei zu geringem Angebot Importe und Auslagerungen vorgenommen.

Markenfleisch

Ein Markenfleisch ist immer ein Qualitätssiegel, daran sind Bedingungen geknüpft. Ein solches Zeichen hebt die Ware, die es trägt, aus dem allgemeinen Angebot heraus. Das Markenzeichen dürfen nur Mastschweine aus einer bestimmten Herkunft tragen. Durch bestimmte Anpaarungen mit besonderen Ebern ist die Voraussetzung für einen hohen Qualitätsstandard des Schweinefleisches geschaffen. Eine Ohrmarkierung beim Ferkel zeigt seine Herkunft an.

Arbeitsaufgabe

Nenne …

Versteigerungsorte für Zuchtschweine:	
Versteigerungsorte für Ferkel:	
Übernahmestelle des Ferkelringes:	

14 Tierhaltung und Umwelt

14.1 Auswirkung auf die Umwelt

Die landwirtschaftlichen Betriebe stehen in einer ständigen Wechselbeziehung zur Umwelt.

Positive Auswirkungen sind:

- Erzeugung einwandfreier Lebensmittel
- Gesunde Tiere
- Landschaftspflege
- Beachtung des Tierschutzes

Negative Auswirkungen einer nicht umweltgerechten Tierhaltung:

- Geruchsbelästigung
- Verunreinigung des Grundwassers (Nitrate)
- Erhöhte Krankheitsanfälligkeit der Tiere
- Vermehrter Medikamenteneinsatz
- Nicht mehr einwandfreie Produkte

Die Belastungen der Umwelt durch die Tierhaltung entstehen vorwiegend durch Intensiv- und Massentierhaltung.

14.2 Begrenzungen in der Tierhaltung

N-Anfall nach dem Wasserrechtsgesetz

Zur Vermeidung von Grundwasserverschmutzungen durch eine überhöhte Wirtschaftsdüngerausbringung gibt es im Wasserrecht festgelegte Grenzwerte.

Die einzelnen Tierbestände werden nach einem bestimmten Schlüssel zusammengerechnet.

Bauer sein bedeutet auch heute, die Natur zu pflegen und nicht auszubeuten und Grund und Boden an die kommende Generation weiterzugeben.

15 Tierschutz

Um ein Leiden der Tiere zu verhindern, sollen den Tieren **„Fünf Grundfreiheiten"** gewährt werden:

Ein Tier sollte …

sich ohne Schwierigkeiten umdrehen können,

- ohne Schwierigkeiten aufstehen können,
- sich ohne Schwierigkeiten hinlegen können,
- ohne Schwierigkeiten Körperpflege betreiben können und
- seine Extremitäten ohne Schwierigkeiten ausstrecken können.

Mit dem aktuellen **Tierschutzgesetz,** das mit 1.1.2005 in Kraft trat, und den entsprechenden Verordnungen dazu wurde der Tierschutz in Österreich bundeseinheitlich neu geregelt. Die vorher geltenden landesrechtlichen Tierschutzvorschriften wurden außer Kraft gesetzt.

Das Gesetz **gilt für alle Tierarten** (Haustiere, Tiere in Zoos, Wildtiere usw.).

Für die Haltung von Tieren in Ställen werden **Mindestmaße** vorgeschrieben. Bestehende Haltungssysteme, die in Zukunft nicht mehr gestattet sind, müssen innerhalb von Übergangsfristen umgebaut werden. Für Tierbehandlungen, Tiertransporte und Schlachtungen enthält das Gesetz ebenfalls neue Vorschriften.

Die Einhaltung der Tierschutzvorschriften wird durch Kontrollorgane überwacht. Übertretungen werden bestraft.

Jedes Bundesland hat einen **Tierschutzombudsmann** zu bestellen. Er hat der Landesregierung über seine Tätigkeit zu berichten.

Außerdem wird beim Bundesministerium für Gesundheit ein **Tierschutzrat** eingerichtet.

Damit hat Österreich eines der modernsten Tierschutzgesetze Europas.

Futterwerttabelle für Wiederkäuer

(Auszug aus DLG und österr. Tabellen)

Futterart – Futtermittel	TM	je kg TM										
		XF	XP	UDP	nXP	RNB	ME	NEL	Ca	P	Mg	Na
	g	g	g	%	g	g	MJ	MJ	g	g	g	g
1. Grünfutter												
Wiese												
– 1. Schnitt, vor der Blüte	180	223	160	15	139	+3	10,47	6,27	6,3	2,9	2,1	0,50
– 1. Schnitt, Beginn der Blüte	200	257	133	16	131	0	10,01	5,93	7,1	3,0	2,2	0,50
– 1. Schnitt, Mitte der Blüte	210	284	113	17	120	-1	9,33	5,44	8,0	2,8	2,4	0,40
– 1. Schnitt, Ende der Blüte	220	310	101	17	115	-2	9,03	5,21	7,4	2,7	2,2	0,30
– 2. Schnitt, im Schossen	230	200	190	14	141	+8	10,31	6,15	13,8	4,2	4,1	0,50
– 2. Schnitt, im Rispenschieben	220	226	160	15	127	+5	9,37	5,45	12,3	3,8	3,3	0,50
– 2. Schnitt, Beginn der Blüte	220	254	138	16	123	+2	9,27	5,37	11,9	3,9	3,6	0,40
– 2. Schnitt, Mitte der Blüte	230	283	129	16	120	+1	9,10	5,24	10,6	3,7	2,8	0,60
– 2. Schnitt, Ende der Blüte	250	310	118	17	114	+1	8,71	4,96	9,2	3,4	2,1	0,50
– 3. Schnitt und folgende												
Werte wie 2. Schnitt												
Leguminosen												
Ackerbohne, vor der Blüte	150	173	259	10	150	+17	10,99	6,70	15,5	3,5	3,3	2,00
Alexandrinerklee, Beg. d. Blüte	190	257	187	20	146	+6	9,72	5,77				
Erbse, vor der Blüte	130	203	183	15	144	+6	10,59	6,39				
– in der Blüte	160	282	177	15	137	+6	9,21	5,04				
Luzerne, 1. S., in der Knospe	170	238	219	15	141	+12	9,83	5,82	18,9	3,0	3,2	0,47
– 1. Schnitt, Beginn der Blüte	200	286	187	20	139	+8	9,37	5,49	20,9	2,8	2,7	1,00
– 1. Schnitt, Mitte bis Ende d. Bl.	230	327	175	25	135	+6	8,77	5,07	20,9	2,8	2,7	1,00
– 2. Schnitt, in der Knospe	180	247	214	15	141	+12	9,85	5,81	18,9	3,0	3,2	0,47
– 2. Schnitt, Beginn der Blüte	210	281	204	20	141	+10	9,31	5,43	20,9	2,8	2,7	1,00
– 2. Schnitt, Mitte – Ende d. Bl.	240	316	192	20	133	+9	8,89	5,14	20,9	2,8	2,7	1,00
Rotklee, 1. S., in der Knospe	160	213	193	20	152	+7	10,68	6,44	16,3	3,1	3,8	0,43
– 1. Schnitt, Beginn der Blüte	220	261	161	20	138	+4	9,82	5,82	15,5	2,7	3,6	0,36
– 1. Schnitt, Mitte – Ende d. Bl.	250	296	150	25	135	+2	9,34	5,47	15,5	2,7	3,6	0,36
– 2. Schnitt, in der Knospe	180	209	207	20	152	+9	10,48	6,29	13,5	3,5	2,4	0,40
– 2. Schnitt, Beginn der Blüte	220	262	177	20	138	+6	9,64	5,67	13,0	6,0	2,5	0,40
– 2. Schnitt, Mitte – Ende d. Bl.	240	304	170	25	132	+6	8,74	5,04	13,0	6,0	2,5	0,40
Gemenge												
Luzerne-Gras												
– 1. Schnitt, in der Knospe	170	238	193	15	141	+8	10,21	6,13				
– 1. Schnitt, Beginn der Blüte	200	272	154	15	129	+4	9,79	5,82	8,0	3,5	2,0	0,20
– 1. Schnitt, Mitte – Ende d. Bl.	240	306	149	15	123	+4	9,08	5,29				
– 2. Schnitt, in der Knospe	190	231	196	15	133	+10	9,48	5,56				
– 2. Schnitt, in der Blüte	220	267	201	15	135	+11	9,52	5,59	12,6	3,9	3,1	0,20
– 2. Schnitt, Mitte – Ende d. Bl.	260	308	174	15	129	+7	9,31	5,45				
Rotklee-Gras												
– 1. Schnitt, in der Knospe	170	223	178	15	143	6	10,52	6,34	8,0	3,6	2,0	0,20
– 1. Schnitt, Beginn der Blüte	200	259	155	15	134	+3	9,84	5,84				
– 1. Schnitt, Mitte – Ende d. Bl.	240	300	134	20	133	0	9,66	5,70				
– 2. Schnitt, in der Knospe	210	223	191	15	140	+8	10,09	6,02				
– 2. Schnitt, Beginn der Blüte	240	258	171	15	129	+7	9,40	5,53	8,5	3,9	2,4	0,20
– 2. Schnitt, Mitte – Ende d. Bl.	270	303	137	20	126	+2	9,30	5,44				

Futterart – Futtermittel	TM	je kg TM										
		XF	XP	UDP	nXP	RNB	ME	NEL	Ca	P	Mg	Na
	g	g	g	%	g	g	MJ	MJ	g	g	g	g
Sonstiges Grünfutter												
Mais, Beginn der Kolbenbildung	170	258	104	25	131	-4	10,11	6,04	6,0	2,9	2,3	0,46
– in der Milchreife	210	223	90	25	136	-7	10,70	6,47	3,8	3,1	1,9	0,40
– in der Teigreife	270	205	86	25	133	-8	10,61	6,39	3,9	2,6	2,3	0,40
– Ende der Teigreife	350	198	81	25	131	-8	10,61	6,38	3,9	2,6	2,3	0,40
Hafer, in der Teigreife	300	320	83	20	114	-5	8,92	5,17	4,4	3,1	1,7	1,00
Roggen, Beginn Ährenschieben	150	225	182	15	154	+5	11,54	7,08	4,1	4,1	2,0	1,27
– Beginn der Blüte	200	331	131	15	130	0	9,87	5,84	4,1	4,1	2,0	1,27
Raps, vor der Blüte	110	133	194	15	157	+6	11,30	7,00				
– in der Blüte	120	184	194	15	146	+8	10,66	6,53	17,3	4,5	2,7	1,36
Senf, vor der Blüte	130	147	258	15	161	+16	11,09	6,87				
– in der Blüte	150	210	267	15	143	+20	9,99	6,06	15,3	4,0	3,3	
Futterrübenblätter	160	125	157	15	130	+4	9,89	6,03	20,8	2,5	6,1	6,11
Zuckerrübenblätter	160	108	159	15	141	+3	10,48	6,47	12,4	2,5	4,8	9,45
2. Silagen												
Grassilage												
– 1. Schnitt, im Schossen	380	228	181	15	140	+7	10,24	6,13	10,8	3,5	2,9	0,40
– 1. Schnitt, im Ährenschieben	340	258	150	15	136	+2	10,33	6,20	8,6	3,5	2,6	0,40
– 1. Schnitt, in der Blüte	360	286	136	15	131	+1	10,08	6,02	8,5	3,3	2,9	0,40
– 1. Schnitt, Mitte – Ende d. Bl.	340	312	130	16	127	0	9,79	5,81	8,6	3,2	3,0	0,40
– 2. Schnitt, im Schossen	390	221	183	15	140	+7	10,27	6,16	10,3	3,4	3,5	0,70
– 2. Schnitt, im Ährenschieben	380	256	155	15	132	+4	9,93	5,91	9,1	3,2	3,4	0,30
– 2. Schnitt, in der Blüte	350	284	157	15	128	+5	9,52	5,62	8,6	3,2	2,9	0,70
– 2. Schnitt, Mitte – Ende d. Bl.	340	308	142	15	126	+3	9,52	5,61	8,3	3,4	2,9	0,30
Silagen von Leguminosen												
Luzernesilagen												
– 1. Schnitt, in der Knospe	350	254	207	15	128	+12	9,28	5,43	18,0	3,1	2,8	0,97
– 1. Schnitt, in der Blüte	350	294	179	20		+8	8,71	5,04	17,7	3,1	2,6	0,86
– 2. Schnitt, in der Knospe	350	269	204		135				17,1	3,1	2,3	0,40
– 2. Schnitt, in der Blüte	350	293	213	20		+13	8,95	5,17	16,9	2,9	2,9	0,34
Luzerne-Gras												
– 1. Schnitt	350	284	193	15	132	+10	9,43	5,54	11,7	3,7	2,9	0,66
– 2. Schnitt	350	293	185	15		+9	9,53	5,58	13,4	3,4	2,3	0,57
Rotklee												
– 1. Schnitt, in der Knospe	350	234	182	20	132	+6	10,10	6,03	11,7	3,1	2,3	0,51
– 1. Schnitt, in der Blüte	350	277	155	20	132	+4	9,49	5,58	11,4	2,9	2,0	0,43
Rotklee-Gras												
– 1. Schnitt, in der Knospe	350	246	173	15	145	+5	10,86	6,55	10,3	3,4	2,3	0,51
– 1. Schnitt, in der Blüte	350	278	165	15	137	+5	10,25	6,11	8,9	3,1	2,0	0,46
– 2. Schnitt, in der Knospe	350	246	190	15	143	+7	9,80	5,80	12,0	3,4	2,6	0,46
– 2. Schnitt, in der Blüte	350	261	173	15	125	+8	9,15	5,36	11,4	3,1	2,3	0,40
Maissilagen												
– in der Milchreife	210	233	93	25	131	-6	10,12	6,03	3,8	3,1	1,9	0,40
– Beginn der Teigreife	270	212	88	25	131	-7	10,51	6,31	3,9	2,6	2,3	0,40
– Ende der Teigreife	350	201	81	25	165	-8	10,70	6,45	3,9	2,6	2,3	0,40
– Maiskörnersilage	600	28	102	40	152	-10	13,58	8,63	0,4	3,2	1,0	0,26
– Maiskolbensilage	600	89	95	35	157	-9	12,49	7,78				
Sonstige												
Biertreber	260	193	249	40	185	+10	11,22	6,66	2,5	6,0	2,1	0,50
Raps, vor der Blüte	120	155	169	15	143	+4	10,83	6,65	5,4	2,3	2,7	1,54
Zuckerrübenblatt	160	159	149	15	130	+3	9,71	5,86	12,4	3,1	7,2	9,79

Futterart – Futtermittel	TM	je kg TM										
		XF	XP	UDP	nXP	RNB	ME	NEL	Ca	P	Mg	Na
	g	g	g	%	g	g	MJ	MJ	g	g	g	g
3. Heu												
Wiesenheu, Bodentrocknung												
– 1. Schnitt, im Ährenschieben	860	265	133	20	131	0	9,77	5,79	10,5	3,2	3,6	0,30
– 1. Schnitt, Beginn der Blüte	880	287	110	21	121	-2	9,28	5,45	8,4	3,0	2,9	0,20
– 1. Schnitt, Mitte – Ende d. Bl.	850	316	104	22	119	-3	9,19	5,38	6,8	2,6	2,5	0,30
– 1. Schnitt, überständig	850	339	9,3	23	113	-3	8,80	5,11	6,6	2,2	2,0	0,20
– 2. Schnitt, im Ährenschieben	870	258	138	20	132	+1	9,78	5,79	11,0	3,5	3,4	0,40
– 2. Schnitt, Beginn der Blüte	850	286	125	21	127	0	9,57	5,64	8,1	3,2	3,2	0,40
– 2. Schnitt, Mitte – Ende d. Bl.	840	309	115	22	124	-2	9,44	5,55	7,2	2,9	2,7	0,30
Wiesenheu, belüftet												
– 1. Schnitt, im Ährenschieben	890	260	137	20	135	0	10,17	6,07	5,6	3,2	2,1	0,20
– 1. Schnitt, Beginn der Blüte	880	288	119	21	127	-1	9,68	5,73	7,8	4,1	3,3	0,30
– 1. Schnitt, Mitte – Ende d. Bl.	860	315	107	22	121	-2	9,27	5,44	7,3	2,9	2,9	0,30
– 1. Schnitt, überständig	860	345	96	23	116	-3	8,99	5,24	6,2	2,2	2,4	0,30
– 2. Schnitt, im Ährenschieben	890	250	138	19	133	+1	9,91	5,88	8,1	3,9	3,3	0,30
– 2. Schnitt, Beginn der Blüte	870	283	128	21	129	0	9,71	5,74	8,1	3,3	3,3	0,30
– 2. Schnitt, Mitte – Ende d. Bl.	870	310	117	22	128	-2	9,76	5,77	6,9	2,9	2,8	0,30
Luzerneheu												
– 1. Schnitt, in der Knospe	860	276	192	25	148	+10	9,15	5,36	12,0	3,0	2,0	0,55
– 2. Schnitt, in der Knospe	860	244	195	25	140	+9	8,78	5,08	11,4	3,0	2,0	0,31
4. Stroh												
Gerstenstroh	860	442	39	45	82	-7	6,80	3,76				
Haferstroh	860	444	35	40	80	-7	6,74	3,73				
Weizenstroh	860	443	37	45	76	-6	6,37	3,50				
5. Wurzeln und Knollen												
Futterrüben (Gehaltsrüben)	150	64	77	20	149	-12	11,96	7,57	2,7	2,4	1,8	4,08
Futterrüben (Massenrüben)	120	69	89	20	150	-10	11,96	7,60	2,5	2,5	2,5	3,31
Kartoffel, roh	220	27	96	20	162	-11	13,08	8,44	0,4	2,5	1,4	0,55
6. Handelsfuttermittel												
Körner und Samen												
Ackerbohne	880	89	289	15	195	+17	13,62	8,61	1,6	4,8	1,8	0,18
Erbse	880	67	251	15	187	+10	13,48	8,53	1,0	4,9	1,4	0,20
Gerste (Sommergerste)	880	52	119	25	165	-7	12,93	8,16	0,8	3,9	1,3	0,32
Gerste (Wintergerste)	880	57	124	25	164	-6	12,84	8,08	0,8	3,9	1,3	0,32
Hafer	880	116	121	15	140	-3	11,48	6,97	1,2	3,5	1,4	0,38
Mais	880	26	106	50	164	-9	13,29	8,39	0,4	3,2	1,0	0,26
Roggen	870	29	102	15	161	-10	13,01	8,25	0,9	3,3	1,4	0,26
Triticale	880	28	145	15	170	-4	13,13	8,32	0,7	4,4	1,4	0,15,
Weizen (Winterweizen)	880	29	138	20	175	-3	13,44	8,54	0,7	3,8	1,3	0,17
Industrielle Nebenerzeugnisse												
Biertreber, getrocknet	900	170	259	45	198	+10	10,57	6,19	4,6	7,2	2,2	0,61
Luzernegrünmehl, älter	900	318	156	50	147	+1	8,00	4,54	20,2	3,2	3,2	1,92
Malzkeime	920	145	297	25	180	+19	10,36	6,17	2,6	8,1	1,5	0,61
Roggenfuttermehl	880	37	173	15	164	+1	12,37	7,68	1,3	9,2	3,8	0,19
Roggenkleie	880	83	163	15	143	+3	10,67	6,42				
Trockenschnitzel	900	205	99	45	156	-9	11,93	7,43	9,7	1,1	2,5	2,41
Weizenfuttermehl	880	52	192	20	173	+3	13,07	8,18	1,2	8,1	2,9	0,35
Weizenkleie	880	134	160	25	140	+3	9,92	5,86	1,8	13,0	5,3	0,54

Futterart – Futtermittel	TM	je kg TM										
		XF	XP	UDP	nXP	RNB	ME	NEL	Ca	P	Mg	Na
	g	g	g	%	g	g	MJ	MJ	g	g	g	g
Rückstände der Ölgewinnung												
Kokoskuchen, 8–12 % Fett	900	144	227	55	211	+2	12,97	8,00	1,8	6,0	3,3	1,00
Kokosextraktionsschrot	900	161	238	50	222	+2	12,21	7,56	1,7	6,4	3,8	1,02
Leinkuchen, 8–12 % Fett	910	100	357	35	224	+21	12,98	7,92	4,2	8,2	5,3	1,05
Leinextraktionsschrot	890	103	385	30	232	+24	12,04	7,34	4,5	9,5	5,7	1,09
Rapskuchen, „OOTyp", 8–12 % Fett	900	128	370	30	217	+25	13,06	7,99	6,3	10,0	5,1	0,8
Rapsextraktionsschrot (RES)	890	131	399	25	219	+29	11,99	7,31	6,9	11,9	5,5	1,13
Sojabohne, dampferhitzt	880	62	398	20	189	+33	15,88	9,90	2,9	7,1	2,7	0,23
Sojaextraktionsschrot Standard												
dampferhitzt	880	67	510	35	308	+32	13,75	8,63	3,1	7,0	3	0,23
dampferhitzt, mit Formaldehyd behandelt	890	53	507	65	436	+11	13,68	8,57				
Sojaextraktionsschrot HP, dampferhitzt	890	39	548	35	324	+36	13,73	8,59	3,1	7,6	2,7	0,34
Sonnenblume												
Samen, schalenarme Sorten	880	169	191	20	96	+15	17,85	10,85				
Sonnenblumenkuchen aus geschälter Saat, 8–12 % Fett	910	108	191	30	247	+39	12,73	7,68	2,5	12,5	7,4	0,08
Sonnenblumenextraktionsschrot aus geschälter Saat	910	135	439	25	229	+33	11,88	7,22	4,4	9,9	5,4	0,12
7. Futtermittel tierischer Herkunft												
Magermilch, frisch,	85	0	386	5	179	+30	13,94	8,96	13,6	10,9	1,6	3,63
Magermilchpulver	960	0	365	5	179	+30	13,75	8,82	13,6	10,9	1,6	3,63
Molkenpulver-Süßmolkenpulver	960	0	132									
Sauermolke, frisch	60	0	84									
Vollmilch	140	0	264	5	128	+22	19,31	12,47	8,6	7,2	0,9	3,21

Abkürzungen:

TM	=	Trockenmasse
XF	=	Rohfaser
XP	=	Rohprotein
UDP%	=	Unabgebautes Protein in % des Rohproteins
nXP	=	verfügbares Protein im Darm
RNB	=	Ruminale Stickstoffbilanz (Stickstoffbilanz im Pansen)
ME	=	Umsetzbare Energie
MJ	=	Megajoule
NEL	=	Nettoenergielaktation (Nettoenergie für die Milchbildung)

Futterwerttabelle für Schweine

Nähr- und Mineralstoffgehalte ausgewählter Schweinefuttermittel (DLG 1991 und Werte aus Eigenanalysen sowie Interpolierungen, Gehaltswerte je kg Futtermittel)

Schweinefuttermittel	1 kg Futtermittel enthält										
	TM g	XF g	XP g	ME MJ	Ca g	P g	Na g	Lysin g	M+C g	Th. g	Tr. g
1. Grünfutter, Knollen etc.											
Biertreber, frisch	240	44	60	2,20	0,9	1,6	0,1	2,5	1,5	2,2	0,4
Futterrübe, gehaltsvoll	150	10	13	1,87	0,4	0,3	0,6	0,4	0,1	0,3	0,1
Futterrübe (Massenrübe)	120	9	11	1,38	0,3	0,3	0,4	0,4	0,1	0,3	0,1
Kartoffel, gedämpft	220	6	22	3,29	0,2	0,6	0,0	1,1	0,5	0,7	0,2
Obsttrester, frisch	220	46	15	1,83	2,0	0,7	0,4	0,0	0,0	0,0	0,0
Rotkleegrasmischung, frisch	212	54	31	1,68	2,3	0,6	0,0	2,0	1,1	1,8	0,6
Wiesengras	166	35	40	1,46	1,1	0,5	0,0	1,8	1,3	1,5	0,5
Zuckerrübe	230	12	16	2,99	0,5	0,4	0,2	0,6	0,5	0,3	0,1
2. Silagen											
Biertreber, siliert	260	51	64	2,42	6,9	1,5	0,1	2,7	1,6	2,4	0,4
CCM-35	650	18	70	9,89	0,2	2,1	0,1	1,8	2,3	2,0	0,4
CCM-40	600	16	65	9,13	0,2	1,9	0,1	1,7	2,2	2,0	0,4
CCM-45	550	15	60	8,36	0,2	1,8	0,1	1,7	2,3	2,0	0,4
Grassilage im Ähren-/ Rispenschießen	350	94	55	2,40	1,7	1,3	0,2	2,3	1,2	2,3	0,0
Kartoffel, gedämpft	220	8	24	3,29	0,2	0,6	0,0	1,1	0,5	0,7	0,2
Maissilage, teigreif	270	61	24	2,40	0,8	0,6	0,1	1,1	0,6	1,0	0,2
Zuckerrübenblattsilage	157	24	21	1,08	2,0	0,4	1,0	0,0	0,0	0,0	0,0
3. Handels- und andere Futtermittel											
Ackerbohne	880	79	263	12,66	1,4	4,0	0,0	17,7	5,0	11,3	2,5
Bierhefe, getrocknet	900	22	469	12,44	2,3	15,2	2,2	31,8	11,6	21,5	5,8
Bierhefe, frisch	150	3	79	2,08	0,5	3,3	0,5	8,1	3,0	5,5	1,5
Brotabfälle	800	11	98	11,60	0,0	0,0	0,0	0,0	0,0	0,0	0,0
Erbse	880	60	228	13,63	0,8	4,2	0,2	16,6	5,2	9,5	3,2
Futterhefe (Torula)	906	25	448	12,60	4,0	13,0	1,1	31,3	8,7	22,0	5,1
Futteröl (Raps, Soja etc.)				36,40							
Gerste (Sommergerste)	880	47	106	12,68	0,8	3,4	0,5	3,7	3,6	3,6	1,4
Gerste (Wintergerste)	880	50	110	12,62	0,8	3,4	0,5	3,7	3,6	3,6	1,4
Grasgrünmehl (15–19 %)	900	206	166	5,97	6,3	4,3	0,6	7,7	4,6	7,5	2,7
Hafer	880	99	1,8	11,22	1,1	3,0	0,6	4,3	4,1	3,7	1,4
Hafer-Futterflocken	910	20	126	15,51	-	-	-	-	-	-	-
Haferschälkleie	910	230	68	5,65	1,9	3,4	0,4	3,1	1,3	2,4	1,2
Kartoffeleiweiß (Agenaprot.)	910	7	764	16,78	0,1	0,5	0,0	63,0	32,0	44,7	10,8
Lupine – gelb – süß	880	147	386	12,88	2,4	4,6	0,0	19,6	11,7	12,8	2,8
Luzernegrünmehl (17–19 %)	900	235	180	6,12	18,3	2,9	1,7	8,7	4,5	7,8	2,8
Mais	880	23	93	14,09	0,4	2,9	0,4	2,7	3,7	3,4	0,6

Schweinefuttermittel	1 kg Futtermittel enthält										
	TM	XF	XP	ME	Ca	P	Na	Lysin	M+C	Th.	Tr.
	g	g	g	MJ	g	g	g	g	g	g	g
Malzkeime	920	132	279	7,99	2,1	7,8	0,20	12,2	7,8	9,6	2,4
Buttermilch, frisch	94	0	32	1,58	1,0	0,8	0,30	3,6	1,2	1,9	0,5
Magermilch	86	0	32	1,37	1,3	1,0	0,30	2,4	1,1	1,6	0,5
Magermilchpulver	960	0	350	15,15	37,0	14,7	18,00	12,6	7,3	12,8	3,6
Molke – sauer – frisch	64	0	10	0,88	0,9	0,6	0,50	0,5	0,3	0,5	0,0
Molke – süß – frisch	58	0	8	0,82	0,4	0,4	0,45	0,5	0,3	0,3	0,1
Vollmilch – frisch	140	0	37	3,12	1,2	1,0	0,40	2,6	1,4	1,8	0,5
Obsttrester, getrocknet (Apfel)	920	205	52	6,59	0,0	0,0	0,00	0,0	0,0	0,0	0,0
Rapsextraktionsschrot	890	125	335	10,50	6,5	12,0	0,20	19,0	14,5	15,4	4,5
Rapskuchenschrot „Danubia"	918	130	320	11,53	6,7	12,5	0,10	18,0	12,5	14,4	4,4
Roggen	880	25	99	13,46	0,8	2,9	0,20	3,7	3,2	3,3	1,2
Roggenkleie	880	73	143	8,88	1,5	8,4	0,80	6,7	3,4	6,4	1,1
Sojabohne	880	53	356	15,46	2,7	6,6	0,00	21,3	9,7	12,9	4,5
Sojaschrot 44	880	57	451	13,04	2,7	6,2	0,20	28,7	13,4	17,9	5,8
Sojaschrot 50	880	34	491	14,43	2,8	6,6	0,30	31,0	15,0	18,4	6,7
Sonnenblumenextraktionsschrot „Brucker"	890	220	350	9,40	4,0	9,0	0,10	13,3	13,3	14,2	6,2
Triticale	880	26	128	13,60	0,5	4,8	0,30	4,8	5,3	4,2	0,2
Trockenschnitte	900	185	90	8,13	9,1	0,9	2,30	5,0	2,6	4,5	1,0
Weizen	880	26	121	13,79	0,8	3,2	0,40	3,2	4,3	3,3	1,4
Weizenkleie	880	117	141	8,33	1,5	11,4	0,50	6,2	5,0	5,5	2,5
Weizenfuttermehl	880	46	167	14,21	1,1	8,9	0,20	7,3	5,6	6,5	2,0
4. Mineralstoffträger											
Kohlensaurer Kalk	-	-	-	-	400	-	-	-	-	-	-
Phosphorsaurer Kalk	-	-	-	-	230	180		Sackaufdruck			
Monocalciumphosphat	-	-	-	-	160	230		beachten			
Viehsalz	-	-	-	-	-	-	390	-	-	-	-

Abkürzungen:

TM	=	Trockenmasse	P	=	Phosphor
XF	=	Rohfaser	Na	=	Natrium
XP	=	Rohprotein	M+C	=	Methionin+Cystin
ME	=	Umsetzbare Energie	Th	=	Threonin
MJ	=	Mega-Joule	Tr	=	Tryptpphan
Ca	=	Kalzium			